西方建筑史丛书

巴洛克与洛可可建筑

[意]克劳迪娅·赞伦 [意]丹妮拉·塔拉 著 周晟 译

北京出版集团公司
北京美术摄影出版社

Original Title Storia dell'architettura Barocca e Rococò
Text by Claudia Zanlungo & Daniela Tarabra

图书在版编目（CIP）数据

巴洛克与洛可可建筑 / （意）克劳迪娅·赞伦，（意）
丹妮拉·塔拉著 ；周晟译. — 北京 ： 北京美术摄影出
版社，2019.2
　（西方建筑史丛书）
　ISBN 978-7-5592-0043-3

　Ⅰ. ①巴… Ⅱ. ①克… ②丹… ③周… Ⅲ. ①建筑史
—西方国家 Ⅳ. ①TU-091

中国版本图书馆CIP数据核字 (2017) 第253107号

北京市版权局著作权合同登记号 ：01-2015-4550

责任编辑 ：耿苏萌
责任印制 ：彭军芳

西方建筑史丛书
巴洛克与洛可可建筑
BALUOKE YU LUOKEKE JIANZHU

［意］克劳迪娅·赞伦　　［意］丹妮拉·塔拉　著
周晟　译

出　版　北京出版集团公司
　　　　北京美术摄影出版社
地　址　北京北三环中路 6 号
邮　编　100120
网　址　www.bph.com.cn
总发行　北京出版集团公司
发　行　京版北美（北京）文化艺术传媒有限公司
经　销　新华书店
印　刷　鸿博昊天科技有限公司
版印次　2019 年 2 月第 1 版第 1 次印刷
开　本　787 毫米 × 1092 毫米　1/16
印　张　10
字　数　195 千字
书　号　ISBN 978-7-5592-0043-3
定　价　99.00 元
如有印装质量问题，由本社负责调换
质量监督电话　010-58572393

目录

引言

17 世纪的欧洲充满着激烈的矛盾：残酷的三十年战争（1618—1648年）进入高潮，宗教斗争与冲突颠覆了整个社会，掌权者为展现他们的教权或皇权投入巨大的精力和资源。艺术与建筑被认为是彰显至尊的最佳工具，也是虚浮地展现一个莺歌燕舞的华丽世界的绝佳途径。

巴洛克时期还是伽利略和哥白尼获得举世震惊的科学发现的时期，标志着人类中心说的终结，让文艺复兴时期构建起的自信与真理显得如此虚妄缥缈。每一种对艺术的尝试都转化为一件用以指皂为白、混淆是非的工具。当巴洛克大诗人马里诺吟咏起"诗人为奇迹而歌"的时候，艺术家们和建筑师们则借鉴戏剧与音乐剧的舞台和大厅，又利用最新的，尤其是光学领域的科学发现，引发观者的惊愕，叫人身陷于这种由形象元素、光影和空间创造出的迷离虚境之中。

艺术家的目的是为观众呈现一个摆脱世俗纷扰的世界的幻象——尽管现实中的每一件作品都试图掩饰对转瞬即逝的生命的感召（就像在该时期的无数静物作品中频频可见的箴言"memento mori"——"记住你终有一死"），同时又力图说服人们忠于信仰，相信罗马的伟大或与之相应的绝对权力。

集科学创新与宗教奇迹于一体的巴洛克建筑将浮夸修饰之风与嬉戏娱乐之气和谐相融。

巴洛克建筑鲜明的表现形式或许与文艺复兴结束之前的欧洲建筑有着迥然不同的特质，但其风格倾向在 16 世纪末的样式主义中已依稀可见。米开朗琪罗的一些作品中的曲线张力、古典比例和匀称感的变化（如圣彼得教堂偌大的穹顶）在与他同时代的艺术家中引起强烈的反响，为 1630 年至 1670 年间出现的重大美学标准变革奠定了基础，在罗马尤盛。实际上，正是米开朗琪罗后来被视为巴洛克建筑之父。

与样式主义艺术家不同，巴洛克建筑师不仅在罗马汲取了更多的经验，拥有更臻成熟的表现风格，他们更追求一种深度的空间变化，从平面和立面

4 页图

吉安·劳伦佐·贝尔尼尼，《阿维拉的圣·特蕾莎之狂喜》，胜利圣母教堂，科尔纳罗家族礼拜堂，1647—1651 年，罗马，意大利

贝尔尼尼（1598—1680 年），最能代表巴洛克风格鲜明特质的建筑师。在这座彩色大理石砌成的壁龛里，他将时间定格在天使轻击圣女的一刹那，此刻她的生命从尘世升入天堂。光影的运用强化了作品的戏剧性，自然光源透过上方的天窗间接射入，随即化为一道道镌刻的金光，成为舞台的背景。作品所呈现的一切元素及其引人入胜的效果处理，都像是在打造一幕真正的舞台戏剧。

无法感知舞台与观众区的分隔线，信徒已然身临其境，亲睹这场真实的宗教体验。

上改变传统建筑，且不囿于装点门面，尽管时至今日巴洛克仍常被肤浅地视为一种装饰风格。

虽然这些艺术家在传统建筑面前表现出的叛逆态度遭到了严苛的批判，但事实上，他们中的大多数人深谙罗马古典建筑之道，并将其认知与激情移植到自己的作品中去。

外立面的壮丽与形态的复古不再是单纯的模仿之作，而是一种重新解读。同样，在17世纪的作品中可以看到文艺复兴建筑和伦巴第式样的身影，也不乏对帕拉迪奥、维尼奥拉和塞里奥作品的援引。

毋庸置疑，罗马是意大利的艺术中心，直到18世纪初它仍是欧洲的艺术中心——巴洛克从这里出发走向意大利北部和南部，铺就不同的发展道路。在皮埃蒙特大区，加里尼（1624—1683年）作品中引入的极为新颖的主题并未追随巴洛克晚期风格的脚步，而是呈现出不同的走向；尤瓦拉的造诣也同样卓尔不群。

意大利的其他独立城邦都纷纷发展出自己的巴洛克形式，虽然有时会受到地域的局限，譬如南方的西班牙总督管辖区。

加里尼和波洛米尼引领的空间革命则在欧洲获得成功，尤其是在奥地利和波西米亚地区：那里的巴洛克后来成为18世纪空间形态发展的灵感源泉

下图

克劳德·佩罗，卢浮宫正面，1667—1674年，巴黎，法国

佩罗的作品体现出他对罗马风潮的了解——柱础体现出意大利传统，柱身的体量（柱形巨大）则透出巴洛克风格。但这些元素又与民族特质紧密关联——17世纪的法式巴洛克——这从严谨的立面直线应用上可以看出，将自己的美学原则融于古典主义之中。建筑立面虽长却不单调——经典的双壁柱与外墙面交替呼应（在墙面正中位置和两侧凸起处），刻印出一种韵律感。

之一，也构成了晚期德国巴洛克的特征。由于旅行便利性的大大提升，加上基督教的传播和建筑论文的出版，这种新风尚在 17 世纪国际舞台上的传播速度比以往来得更快，如加里尼的无文字版《民用建筑》于 1686 年在波西米亚出版。17 世纪末，巴黎取代罗马成为新的欧洲艺术与巴洛克文化中心。

空间形态

观察巴洛克最初的一些形态不难发现，设计师试图在宫殿（或教堂）和城市环境之间建立一种更为有效的关联——为此他们让直线重归曲线，似乎想要创造一种由内及外的空间延伸。外墙应当作为"内部"与"外部"的过渡，而不是一个起间隔作用的元素。正因如此，建筑立面被塑造和弯曲成弧形，仿佛要消除并推倒建筑的外部界限。波浪般的起伏可以理解为动能遇到推力后形成的一系列张力的结果——建筑内部空间向外扩张，而门前的道路向其位移。在成熟期的巴洛克中，由线条的高低起伏形成的对比冲突代表了这股张力所能企及的最高形式，总是趋向动态、永不停息。空间中波浪形和摇摆式运动的线条给人以无限延伸之感；同时，膨胀和收缩的形态效果让人觉得那是一个会呼吸的、鲜活的有机体。在波洛米尼和加里尼的作品中可以找到最出色和最完整的表达，这般生气勃勃的动态模式是一种复合型结构，在建筑的平面和立面上均有可为——基本的线条及空间元素被不断地重复、拉近和融合，尽管有复杂的几何基调，但在感官层面上任何人都能分辨出来。

"总体艺术作品"

不同于文艺复兴所认为的各类艺术形式具有独立性，且能够有机地融入一座建筑之中，巴洛克坚信各艺术学科的合作与统一。与哥特式建筑相似，17 世纪的主流原则宣称单项艺术不具备能够实现完整意义的自主能力，故不得独立存在。

艺术不再是像人文主义时代那样代表着自然秩序，而是能够"打造"另一番事实的技巧。由此，雕塑与建筑开始追求绘画般的效果，而绘画则采用透视法和视错觉，变身为建筑与雕塑。此外，各种艺术类型，不仅是那些与语言相关的，还有那些与图像相关的艺术，都开始为修辞艺术服务——空间、光线和象形元素无不以此为发展目的。对贝尔尼尼而言，统一意味着对立面的和谐，各类艺术遂齐聚一堂，共同构建一幕能够引领信徒心入其境的舞台场景，让他们对罗马教廷及信仰心悦诚服。

17 世纪的大部分建筑师都是画家、雕刻家或石匠出身，之后才转做建筑设计——也正因此，他们的作品能够成为完整而全面的艺术品。巴洛克深信装饰艺术的表达能力——重叠在建筑表面的装饰将夸张法发挥到极致，颠覆了观众的感官，令人啧啧称奇。为了达到理想的效果，艺术家们在选择材料

从未有过一个建筑立面可以达到如此水平的动感与空间深度，直到这一刻。立面的运动往往是波纹表面在一个固定的下层平面上的附加之物——但在这里，动势似乎源于主平面内部，被一股生命之力激发而来。从平面下层到上层的过渡就如一场有机的蜕变——曲面的自然变化（可以观察到，立面下方凹—凸—凹的走势在层拱檐口的衬托下更为突出，而与之相呼应的立面上方则呈现凹—凸—凹的形态）一气呵成。随后，在凹—凸中加入了虚—实的变换，这在顶部椭圆雕饰的设计上尤为明显。

时毫不顾忌所谓规范性和正确性，每个元素的存在都是为了制造幻象——从这层意义上来说，大理石、石膏、黄金或白铁皮都拥有相同的价值。实质与表象之间的界限越来越细微：孩童、小天使和其他类似形象往往还起到遮盖结构拼缝以及掩饰建筑用以迷惑观众的作用。巴洛克与装饰的关系同哥特式十分相似，但与文艺复兴的原则迥然不同。在巴洛克建筑中，结构逻辑自成一体，美学则应用于装饰性材料的表面；与之相反，文艺复兴的建筑师们将多种不同的建筑格式作为设计工具，同时也作美化建筑之用，他们试图在各个部位之间寻求比例的平衡与和谐之美。石膏饰与巴洛克式的立体元素绝不会与建筑的静态和功能性产生互动，即便它们需要共同发挥作用以实现舞台化的效果。18世纪时，这种对表面修饰的热衷在德国南部南区被激化为精细至极的装饰艺术，就像在西班牙及其殖民地，还有意大利南部地区所发生的那样。

巴洛克的绘画艺术亦是如此，光线是建筑的主角，多用于情感表达，或为观者制造惊喜和惊奇效果。16世纪的光色派绘画在17世纪得到进一步发展——以帷幔刻画出黑夜，淋漓尽致地发挥蜡烛、火炬这些人工光源的戏剧性效果，造就了卡拉瓦乔独一无二的绘画作品。同样地，当时的建筑师们除了使用传统的直接照明法，还采用人造的，甚至刻意调整过的间接照明。17世纪意大利巴洛克建筑大师们的作品充分展示了不同形式的光线运用。与贝尔尼尼不同，波洛米尼通常使用不可见光源，倾向于依靠建筑形态获得想要的视觉和幻觉效果；他对光的利用更为结构化，但这不表示他的方式少了创造力或感染力。

吉安·劳伦佐·贝尔尼尼，主祭坛华盖，1624—1633年，圣彼得大教堂，梵蒂冈

这件巨大的青铜珍品（高度近30米）比贝尔尼尼其他任何一件作品都更能体现他同时驾驭建筑和雕塑的能力，最终让两者合而为一。

华盖安放在米开朗琪罗设计的大圆顶的正下方，还原了后者原有的，但因中殿延伸而失去的绝对空间支配地位。由此看来，贝尔尼尼的作品在为建筑服务，四根螺旋形支承柱的旋转动势与建筑产生互动，相似的柱形还出现在大圆顶支撑柱内嵌的壁龛前，与之交相呼应。

下图

米凯尔·申姆，克里斯汀·贝尔与弗朗兹·贝尔，圣彼得与圣保罗教堂唱诗台，1686—1692年，上马尔西塔尔，德国

质朴而充满力量感的柱体简洁地分割了整个空间，覆于表面的华丽的植物形石膏饰起到美化和凸显空间的作用。纯白的墙面映衬了圣器与祭台的金、银色泽。

加里尼的镂空穹顶被诠释为隐匿的光源,展现了光线如何作用于建筑表面——它可以穿过这些布满小孔的结构,也会被黑色的表面折射或反射。此外,17世纪还是科学界硕果累累的时代,牛顿的光学原理亦属于新发现之一。

建筑与错视

巴洛克时代的教堂与宫殿中,巨幅天顶壁画装饰不断风靡。17世纪时格外受欢迎的一种装饰类型叫作"透视法"壁画,意即在一个绘制而成的建筑框架里,画出按照透视法缩短的图像。这种形式的作品于16世纪末开始流行,在17世纪的意大利乃至欧洲都广受追捧。它的传播也与专业论文对透视法的定义有关,特别是在神甫安德烈·波佐(1642—1709年)的作品一举成名之后——身为耶稣会士、画家、建筑师、数学家、布景师的波佐在1693年出版了他的《建筑绘画透视》,书内汇集了丰富的错视法技巧,用以实现虚构空间,对整个欧洲的建筑界产生了巨大的影响。

上图

玫瑰圣母教堂穹顶,1649—1690年,普埃布拉州,墨西哥

密集的装饰物覆盖了每一处建筑元素,其本身已无从分辨——组成圆顶的每一瓣圆心角上都有一座圣母像,窗户上方所有的穹隅里都有一个天使像,其余表面则被彩色和金色的石膏饰所覆盖。这种风格与西班牙的银匠式传统(15—16世纪)相关联,精致的建筑装饰让人联想起细巧的银器——当地的能工巧匠还将这种表面装饰法灵巧地应用于中南美洲西班牙殖民地上的许多宗教建筑内。

追随文艺复兴时期透视法的脚步，17世纪对错视法的研究是从视觉上将虚拟空间向真实空间延伸，甚至超越建筑本身的物理边界，从而博取观众的眼球。艺术家借助这种技巧绘制出对神与君主的颂扬，让云彩爬上教堂的穹顶，仿佛一道盘旋而上升入天堂的光，要将筑墙的围挡消解。但虚构之景绝非毫无破绽，倘若幻境无法看破，便无从激起不可思议之感，只留得平平效果。实际上，透视法缩短画的构图十分巧妙，一旦远离理想的观察点，幻象随即崩塌，暴露出幻视的真正本质。

左图
弗朗西斯科·波洛米尼，斯帕达宫，1656—1660年，罗马，意大利

光透过一道道切口渗进这条小小的走廊里，建筑师意图通过这样的设计为纵深的空间创造韵律感。借助光学原理，作者让光线参与到幻视的制造，观者所感知的走廊远比实际长度更长。逐渐倾斜的廊柱和花格式半圆拱也为错视效果做出贡献——走廊的实际长度仅8.6米，但利用这些视觉圈套，似乎长达35米以上。

右图
多明尼科·瓦马基尼、费尔迪南多·加利·比比恩纳，圣克里斯托弗教堂圆顶，1687年，皮亚琴察，意大利

该圆顶的形状十分简洁，并以错视画作为装饰。我们把能够制造视错觉，让虚构之物看似真实的画作称为错视画。在这件作品中，画家与布景师描绘出另一个建筑，从视觉上提升了圆顶的高度。

如城市布景般的广场

广场的建造极尽奢华，就像在布置一个室内环境——从规模和视觉效果上看，绝无其他任何一处比它更适于凸显权势，让人们深信这里可容纳所有居民。

在千禧年或教皇加冕这些罗马最重要的节庆日期间，经一番装点的凯旋门门前用装饰面板搭起宫殿和教堂，还有光影之下的方尖碑，掩藏起城市的真实面貌。

随着时间的推移，一些固定装饰物逐渐取代那些临时装置，与之相同的舞台布景式的设计理念也开始出现在城市或房屋的建设中。这座荣耀之城炫耀着她的建筑、她的广场和她的道路，为人们带来源源不断的惊喜。

帕勒莫四角广场（该设计方案后又被用于卡塔尼亚城的震后重建项目）的设计源于统治者治理人民、彰显权威的诉求。建筑师将这种需求转化为一座坚固的、具有极强感召力的露天剧场。还是在西西里，位于梅西纳城海滨的巴拉扎塔大楼（1622—1624 年，后遭破坏）——又名"海滨大剧院"，有着统一而雄伟的连续立面。这座民用建筑的正立面颇具舞台感，沿着海湾的天然弧度，组合成一幕真正的舞台背景，以此取代了传统的海军堡垒形象。

下图

朱利奥·拉索、马里亚诺·斯梅利里奥、乔万尼·德·阿瓦扎多，四角广场一景，1609—1623 年，帕勒莫，意大利

为了再次凸显首都的地位，17 世纪初，帕勒莫城内建起一个十字形的交通网，交点位于城堡和马克达大街的会合处。城市被分为四块区域，各区块的对顶角上分别建有一座大楼，面朝中央的凹形广场，形成一个圆形的露天大厅。设计灵感来自罗马的四泉广场，充满了庆典般的仪式感；因其形态之美被誉为"太阳剧场"。每栋楼的正立面都由三个叠合的建筑格式构成，下层各有一座喷泉，上层则有多个壁龛，龛内放置着各区域的守护圣女、西班牙总督与四季女神的雕塑。

巴洛克式教堂

受天主教改革的影响，宗教建筑弃用了文艺复兴模式下的中心对称平面（完美人文主义的象征），转而选择拉丁十字平面的大教堂。后者起源于中世纪，拥有一个典型的长方形中殿，这实际上更符合新的礼拜仪式的需求，有更大的空间来容纳更多的信徒，且所有注意力都聚焦于圣坛之上。

16世纪末期，耶稣会提出将耶稣罗马教堂作为集礼拜仪式的功能性与形式的质朴感于一体的完美典范。1600—1760年，这种建筑类型被复制到众多意大利及其他天主教国家的教堂中，几十年后，那些留存下来的建筑表面被覆上了体现新审美品位的丰富装饰。对不同建筑类型进行融合的研究未曾放慢脚步，很快教堂与城市环境之间发生了新的关系——水平纵轴的应用强化了建筑在纵深方向上的发展，这让16世纪晚期的建筑形态趋于外延，将各种功能纳入到建筑内部。教堂的正立面变成一个开放的有机造型体，代表了建筑内部空间向城市环境过渡的符号。17世纪的教堂同样非常重视另一个维度上的轴线，即垂直纵轴——意大利和欧洲对巴洛克圆顶的关注和各种尝试并非偶然。

在强调水平纵轴的同时也不会放弃对中央空间壮观、完满效果的追求，这就需要可兼容并蓄的设计方案。

在初期的尝试中，建筑师简单地融合水平纵轴与垂直纵轴——通常，根据这样的设计会建造出纵深不会很长但空间十分开阔的中殿，加上一个轮廓

卡洛·马代尔诺，圣苏珊娜教堂，1603年，罗马，意大利

这座教堂通常被认为是第一件真正意义上的巴洛克建筑作品——虽然正立面的设计在某些方面仍保留了文艺复兴上、下层叠的建筑格式，但其构图法则是完全的创新。外立面的表面似乎有一股动势，来源于空间的不断收缩以及渐次递增的立体感元素慢慢从两侧向中轴位移：也就是从两侧扁平的方柱过渡到半圆柱，再从3/4圆柱过渡到全圆柱，呈现出令人惊讶的明暗效果和表面张力。

贾科莫·德拉·波尔塔、卡洛·马代尔诺，圣安德烈大教堂，1590—1650年，罗马，意大利

这座教堂室内空间的主要创新之处在于建筑元素与空间在向纵向发展时的互相融合——支承柱穿过柱顶横檐梁（类似檐口的水平向元素，有明显的轮廓线），继而延伸至中殿或半圆殿拱顶上的水平肋拱。建筑内部看似一个开放的空间，因构成元素的立体感不同和光的跃动而不断发生变化，与先定的、结果明确的文艺复兴模式迥然不同。

不太明显的十字形耳堂，以便将所有注意力都吸引到中心位置的穹顶上。这种效果尚属初步尝试阶段，仅限于一些单体的独立组合，无法做到有机地融于一体。不过，本着巴洛克的原则，单个元素和单个空间逐渐失去了自主性，开始为一个统一的建筑体服务。

在意大利南部某些实践经验的支持下，空间渗透的理念得到进一步完善——无论是在米兰还是在威尼斯，都再次出现由两个带圆顶的中心对称空间连接而成的建筑形式，旨在制造深邃的视觉感受。通过重复使用相同的水平和垂直元素，这两个空间的垂直平面从视觉和风格上统一起来。中心对称平面被认为是异教的标志——先有特兰托宗教会议，后有米兰大主教卡洛·博罗梅奥所著《天主教建筑指南》(1572年)，两者都主张回归拉丁十字教堂。尽管如此，在整个巴洛克时期中心对称平面在宗教建筑中仍占有一席之地。首先，因为这种形式能够在最大限度上满足对建筑的新需求，实现造型和空间的一体化；其次，圆形平面有利于建筑在中垂线方向上的充分发挥，在城市规划层面上也起到发展新的动态关系的作用。

就像矩形平面渐趋中心对称化，中心对称平面也以同样的方式尝试变长。巴洛克空间原则中典型的动力与收缩力在椭圆形，也就是简单的

左图

弗朗西斯科·玛利亚·里奇尼，圣约瑟教堂唱诗台，1607—1630年，米兰，意大利

两个高度不同的中心对称空间完美地结合在一起——第一个空间为八边形，对应原来中殿的位置；第二个空间，也就是内殿（为神职人员保留的区域，位于大祭坛周围），则是在正方形的基础上置入十字形。1644年铺设的彩色大理石地面呈现不同的几何图形，突出了两个建筑体在空间上的独立性。接着，利用一种相同的组合柱式以及统一的、不间断的墙面连接，将两个空间的立面巧妙地联合起来。

右图

弗朗索瓦·芒萨尔，圣母来访教堂平面图，1632—1634年，巴黎，法国

教堂的原始形态更为简约（一个普通的圆形），后来在两条主轴线的两侧增加了大礼拜堂（1），入口处是略微呈波纹状的低矮台阶，对角轴上是更私密的小礼拜堂（2）。大礼拜堂以一种全新的方式与中央空间（3）融为一体：它们半并入中央空间之中，而不是以个体的形式单独附加其上，如果失去它们，整个空间便不再完整。

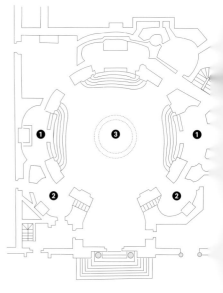

圆形变体中找到了最好的归属。维尼奥拉在16世纪中晚期业已采用的带圆屋顶的卵形平面，代表了欧洲17、18世纪最具实验性和最成功的模式之一。

例如在法国，中心对称平面因为与当地传统风格相一致而有所发展，及至某个时期，椭圆形平面亦有不俗的表现——除教堂之外，它更多应用于觐见厅或城堡和贵族宅邸前厅的设计。贝尔尼尼在他的职业生涯中也倾注了大量心血研究这一主题——他不但使用简单的圆形平面，例如直接借鉴万神殿所设计的阿里恰圣母升天教堂，也运用卵形平面，其中最典型的代表作要数奎里纳尔丘圣安德烈教堂。

上图

彼得罗·达·科尔托纳，圣卢卡与圣玛蒂娜教堂，1635—1650年，罗马，意大利

巨大而又纤细的圆顶宏伟地矗立于教堂正立面之后，与城市产生互动。外部墙面与内部空间相辅相成，正立面的造型与入口处空间的半圆形设计相互呼应。

楼梯

　　楼梯作为意大利17世纪最杰出的建筑布局元素之一，多出现在热那亚、那不勒斯、威尼斯和米兰等城市中。

　　最具创意的设计方案往往诞生在个别几个城市中，这也绝非偶然，因为那里有极高密度的建筑群，还有格外狭窄的道路结构。在热那亚共和国和西班牙总督辖区的首府，一般很难盖起带宽阔庭院的大型楼宇——为了增添豪宅的雅致和贵气，建筑师们更关注建筑的雄伟大气和单个元素的别出心裁，尤其是像正门、玄关和楼梯这些独一无二的元素，而不是在正立面上做文章。

　　意大利17世纪大楼梯的设计灵感源起于16世纪西班牙的作品，特别是皇宫内的大型楼梯，即所谓的"帝国大台阶"。

　　在马德里的埃斯科里亚尔修道院和托莱多城堡里首次出现此类楼梯，这股潮流随后风靡到整个欧洲（譬如凡尔赛宫的使节阶梯）。我们可以看到一个开放式的大楼梯内接于一个矩形空间中——独立存在的第一级坡道在抵达楼梯平台后即分为呈180度角的两翼，再升至上一层楼，上下坡道则保持相互平行；台阶外侧常设有连拱廊，允许光线充分射入，充分凸显建筑的雄伟壮丽与通透敞亮。

歌剧院

17世纪，欧洲剧院文化方兴未艾，尤其是意大利歌剧和音乐剧——伴随这股潮流，许多声名赫赫的皇宫中建起了永久性剧场，取代了曾经的临时搭建结构。巴洛克的华丽恢宏在戏剧艺术中得到了最充分的表达，彻底改变了其表现形式，为现代戏剧奠定了基础。17世纪最大的剧院建筑革新从透视、音乐、音响效果和观众席布局上可见一斑；此外还诞生了舞台机械和侧幕的设计。比比恩纳家族对这门艺术的贡献尤为珍贵：他们支持剧院建筑的转变，为欧洲多座不同的剧院设计图纸，如维也纳宫廷歌剧院（1704年）。由于《立基于几何透视规则的市政建筑学》一文的发表，比比恩纳家族的设计理论在欧洲得以广泛传播。正是他们提出了"钟形"平面的方案，构想出一种多层阶梯式贵宾包厢。巴洛克透视法的发展也改变了舞台与观众席的关系，第一级舞台的中心点成为最佳视点——因此装饰富丽堂皇的"皇室包厢"就正对着舞台。最后，贾科莫·托莱里（1608—1678年）的贡献至关重要，作为戏剧透视法的理论学者，他发明了能够移动侧幕和快速更换舞台布景的新技术。

左图

比比恩纳家族，舞台布景研究，17世纪末—18世纪初

起源于比比恩纳（博洛尼亚）的加利家族为戏剧作品设计了无数舞台布景，其图纸后来成为剧院建筑的设计图库和范例。在这幅设计稿中，我们可以看到作者以"成角透视"原则观察事物，根据这一理念，舞台视觉轴采用对角线设计，使观众能够最大程度上体验身临其境之感。

右图

乔万尼·巴蒂斯塔·阿莱欧提，法尔内塞剧院，1617—1619年，皮洛塔宫，帕尔马，意大利

1956年，在原始设计图基础上开展的重建工作让我们有机会欣赏到17世纪意大利最大的现代化剧院的一部分。这个巨大的空间由一个"U"形平面的14级阶梯观众席构成——座席中央原有一个为公爵安排的贵宾席，可以说是"皇室包厢"的前身，此后欧洲所有的剧院都做了这样的设计。舞台长达40米，在古典式样的舞台前部则设有壁龛，一度用石膏像做装饰。

巴洛克花园

　　17世纪意大利的花园是16世纪意式花园自然发展的结果，保留了中世纪幽长、封闭的特征，组织布局体现人文主义思想，所有的一切都受到理性的控制。建筑是绝对的重点，凌驾于其余一切之上——自然本身成了建筑的一部分，所有的植物元素都修剪成几何形，服务于人的需求。在以奇趣、破格著称的样式主义过渡阶段，对完美与静态的追求日渐式微，17世纪的花园成为一个玄秘奥义与新颖奇幻交织的空间。

巴洛克花园结合了多重场景，其本身便代表了无限的空间，设计者通过设置意想不到的景致为观众制造源源不断的惊喜。建筑元素与自然元素亦融于一体，创造出一个极尽奢华、延展开阔的空间，遍布着令人眼花缭乱的路径和视觉轴。宅邸近处的花坛和阳台呈几何状，离房屋越远，景物的形态越自由、蜿蜒，同时通过一连串的透视法应用，清楚定义周围的自然景观。由此来看，花园的内涵实则更贴近园林，它可以向外铺陈并从视觉上与四周的土地和谐相融。17世纪的意式花园的设计理念虽与文艺复兴时期的哲学思想密不可分，却也为法式大花园的成功埋下了伏笔。

上图
美丽岛，1632年，马焦雷湖

博罗梅奥别墅及其花园虽是在不同时期、由不同年代的建筑师共同建造而成的，但一直被视为一件整体作品。

正是卡洛·丰塔纳将一个1630年之前还仅仅是个渔岛的地方打造成一座真正的水上花园，在岛上矗立起一座雄伟的宫殿。这座建筑由十层优美雅致的平台通过舞台布景手法错落堆叠而成，并以水池、喷泉、建筑配景及大量寓意丰富的雕像装点其中。

罗马：巴洛克的诞生

特兰托宗教会议（1545—1563 年）结束后，终于从天主教改革时期重重困境中走出来的罗马教会寄望于通过新的艺术表现形式宣扬这场与清教之战的胜利。因此意大利的巴洛克艺术受天主教会左右，或是向信徒传播己方凯旋的画面，或是掩饰现实生活中深刻的社会和经济危机。巴洛克作品常常被定义为浮夸的修辞，因为它的语言中充斥着夸张的宫廷风装饰，能够用十足的感染力撩拨和煽动观众，让他们相信眼前所见就是绝对真相。需要注意的是，那些年里，教士阶级积极参与到政治和文化生活中，在很大程度上操控着人民群众的社会意识。1560—1660 年，整个意大利境内不仅兴建了大量宗教建筑，还根据当时的新风格重新装饰甚至修复了许多过去的老教堂。一些古老的巴西利卡大教堂以及某些具有一定重要意义的教堂得以修缮，不仅作为建筑存在的证据，更要证明当天主教面对毫无历史传承的新教，其统治权亘古不变。

天主教改革期间新成立的修会（包括耶稣会、铁阿提纳会和巴尔纳巴会）斥巨资请来最好的建筑师建造新教堂，在象征天主教的罗马的城市变化中成为主角。

21页图
圣山圣母堂，1662—1679年，
奇迹圣母堂，1661年，
人民广场，罗马，意大利

如我们所见，这些修会在意大利、欧洲和新世界传播天主教教义及其相关的仪型论，他们通常还会负责大量民用建筑的管理，如学校、医院、孤儿院等。鉴于传教士工作的主要特征，这些宗教善会钟爱十分简约的形式，既能确保功能性得到最大化发挥，又便于建造，此外还符合他们的节制朴素、坦诚正派的道德准则。16世纪末，罗马重获欧洲第一城的地位：西斯廷六世（1585—1590年）在他短暂而充实的教皇任期内为新城市空间概念和基于新道路轴线规划基础上的城市发展开辟了道路，宽路的直线大道发挥了调整中世纪交通布局的作用。

新城市空间的规划很大程度上要归功于多梅尼克·丰塔纳（1543—1607年），他设计了一张有序的网络，连接起多个不同的中心、建筑物和广场。与过去不同的是，城市不再围绕一个主要核心及几个关键点（比如中世纪时期的主教教堂）进行布局，而是以壮观的道路和广场构成的连贯性为基础。

文艺复兴时期和从前的一些主教堂及其他知名建筑成为建筑理念还有视觉上的参考对象。方尖碑矗立在主干道上，通常作为变道线和透视交点使用——新的城市水道竣工后建起的大量公共喷泉也起到了同样的作用。总体上看，罗马的建筑规划以教堂和基督教建筑的建设为主体，可以肯定的是，随着时间的推移，对民用和俗世的认同感让这座曾经至尊的圣城难以维系（同样的情况也发生在意大利其他的巴洛克城市中，只一座那不勒斯城就足以说明）。

空间的戏剧化进程不仅体现在绘画和雕塑中，也涉及城市与建筑的方方面面，甚至影响到室内家具和装饰。为了创造惊喜感，巴洛克的空间必然要设一个用于展示的舞台，要有舞台布景和恰如其分的光效，还必须要有——观众。无论如何，这个空间都不会甘于静止。

艺术家首先要做的是利用波浪般律动的线条，虚、实体之间的动感和元

左图

彼得罗·达·科尔托纳，和平圣母堂，1657年，罗马，意大利

正立面下层是一个明显前凸的半圆形柱廊，洞石材质的双柱式隐隐透露着一种节律感（虚与实、明与暗）。上层结构的弧面则是微微凸起，同时又明显后缩——两侧壁柱的约束力和正中间偌大的山墙三角面施加的压力互相作用，让我们再度感受到典型的巴洛克式张力。科尔托纳通过这种富有层次感的设计——下层的门廊向外探伸，从上层可以看到教堂的实际位置，创造出极为深邃的空间效果，因此，一旦参观者步入这片广场，就会有一种已经进入建筑内部的印象。教堂仿佛被一道弧形筑墙齐肩环抱，在将建筑纳入怀中的同时保持与周边环境的关联。

素个体之间存在的张力，尽可能地让建筑作品生动起来，就像在装配一个舞台布景。随后，他们把空间的先后顺序安排得如同舞台上一幕幕连续的背景，预先推断并设定好观者的视界（强迫透视）——通过多视角的设置，观众的透视视野不断变换，景物的形态也随之改变。然后，光影的游戏连同黄金、大理石与石膏饰，让视线所及之物焕发出勃勃生气。就像17世纪的剧院拉近了观众席与舞台的距离，建筑与广场的关系也同样如此。建筑师创造了一种"前厅"，作为室内与室外的过渡——这种设计形式我们可以看圣彼得大教堂（不规则四边形的广场为参观者进入教堂做好准备）以及和平圣母堂和奎里纳尔丘的圣安德烈教堂突出的门廊。此外，一座建筑并不局限于其围墙之内的部分，而是借助两侧曲面形筑墙给人的无限延展之感，以一种伸长的姿态不断向外发展。

巴尔贝里尼家族的罗马（1623—1644年）

凭借与教皇乌尔班八世（马菲奥·巴尔贝里尼）建立的深交，贝尔尼尼当数为教皇家族歌功颂德的指定艺术家。

那些年里，建筑界的其他主角要数当时年事已高的马代尔诺、波洛米尼和皮耶罗·达·科尔托纳，他们都活跃在巴尔贝里尼宫的建造现场。这是一所恢宏华丽的宅邸，其创新的建筑类型在意大利建筑史上写下了重要一笔。

教皇在任期间见证了这个时代激烈的社会矛盾。乌尔班八世掌权之际毫无顾忌地滥用公共资源为其家族服务：加深了臣民的不满情绪，他一边非法敛财，向贵族和教士授予特权，一边却陷人民于水深火热之中。

作为对民怨的回应，教皇重新确立起旧有的传统，如公共节日、狩猎和剧院演出等一系列在宗教裁判所和天主教改革时期逐渐消逝的习俗。他还下令修建了一批颇为重要的建筑（也包括民用和军用建筑），均由当时最优秀的艺术家一手打造。当然，对此也不乏批判之声，因为一些文物古迹在新建过程中惨遭破坏：如万神庙的青铜像，被熔铸成了圣天使堡的大炮和圣彼得大教堂的华盖，而斗兽场的大理石则被用于美化罗马的宫殿。无论孰是孰非，由此流传下这样一句著名的谚语：Quod non fecerunt Barbari, fecerunt Barberini（蛮族没做的事，巴尔贝里尼做了）。

左图
巴尔贝里尼宫东侧立面，1626年，罗马，意大利

源于文艺复兴传统的简洁建筑与中央庭院正逐渐被一种更为复杂的空间组合形式所取代。无论是对教堂还是府邸，17世纪的罗马特别注重建筑与城市的关系：主楼两侧伸出的短短的翼楼体现出建筑与城市互动的愿望，三层高的宽阔门廊每层都有七扇拱门，作为室内向室外的过渡元素，就像是要宣布，曾有所保留的一切现在都向公众开放。因地处郊外，毗邻园林区，当时的宫殿发展成为一座雄伟的市郊宅邸，让人回想起文艺复兴时期建立的别墅建筑与自然环境之间的关系。

潘菲利家族的罗马（1644—1655年）

  教皇英诺森十世在任期间，也就是詹巴迪斯·潘菲利的时代，血腥的三十年战争进入尾声，《威斯特法里亚条约》的签署（1648年）奠定了和平的基础。1650年的大赦年是该时期的另一件大事，当时约有70万信徒云集罗马，其中就有像瑞典王后克里斯蒂娜这样的要客。庆典筹备期间，主教聚集起一批最杰出的艺术家来完成古典文物建筑和无数其他建筑作品的修缮工作。一经即位，这位教皇便开始批判其前任乌尔班八世的所作所为，这毫无疑问是出于政治原因，而对巴尔贝里尼最钟爱的艺术家贝尔尼尼而言，这段日子显然不甚愉快。英诺森十世毫无悬念地成为贝尔尼尼最大的竞争对手波洛米尼的庇护人。

  英诺森十世不是一位人文主义的教皇，也不特别热衷文学和艺术——在位期间，除宗教建筑外，他关心的是重新启动坎皮多里奥丘新宫的建造以及新监狱的落成。他把其余所有的精力都集中到纳沃纳广场上，那里被认为是彰显潘菲利家族荣耀最完美的地方。

27页图
纳沃纳广场，1647年，罗马，意大利

  这座广场的历史十分悠久，17世纪时成为罗马市民生活的中心。广场四周建筑的外墙彼此延续，而广场本身就像是从建筑内部延伸而来，宛如一个露天会客厅。17世纪的工程主要集中在潘菲利宫和位于广场中央的圣埃格尼斯教堂。波洛米尼为这座教堂设计了一个凹形的正立面，建筑双翼向两侧延展，伸至两座中世纪风格的采光塔，作者通过这种方式为建筑及其前方的空间建立起关联。该广场是竞技比赛与庆典活动的大剧场，广场内可以搭建各种类型的舞台。三座作为城市固定装饰物的喷泉被置于同一根轴线上，其中位于外侧的两座分别占据了椭圆的两个焦点。四河喷泉和摩尔人喷泉系贝尔尼尼之作。

左图
弗朗西斯科·波洛米尼，圣安德烈教堂采光塔和钟楼，1653年，罗马，意大利

  该作品从未真正完成，但波洛米尼可能想把砖砌的采光塔表面也覆盖上同钟楼一样的石膏。建筑师细致研究过这两个元素之间的关系，钟楼的位置远离正立面，靠近大圆顶处。如此一来，这个垂直元素更为醒目，足可担当一处城市标志：如果没有它，一座中心对称平面的采光塔将平平无奇，但加上近处的钟楼，便成为一个能根据观察点不同而变化的元素。

建筑师贝尔尼尼

基吉家族的教皇亚历山大七世在任期间（1655—1667年），年近花甲的贝尔尼尼开始全力投入到建筑设计之中。他首先是位雕刻家和画家，除了巴尔贝里尼宫、阿里恰和冈多菲堡的几座教堂之外，过去并未真正参与过建筑项目。在上述作品中，他都采用了中心对称平面的设计。30年后，即在马菲奥·巴尔贝里尼教皇卸任之后，罗马再度拥有了一位人文主义的教皇。哲学爱好者、拉丁语诗人教皇亚历山大七世聚集起一批当代最杰出的艺术家和建筑师：除了贝尔尼尼和他年轻的助手卡洛·丰塔纳之外，还有拉伊纳尔迪、达·科尔托纳与波洛米尼，他们都是教皇提出的罗马复兴运动中当之无愧的主角。对建筑的狂热让亚历山大七世把很大一部分教皇资金投入到城市建设之中，希望将罗马的形象提升到古罗马时期的高度——如有必要他会拆除旧楼以拓宽道路；他重新修建广场，赋予其宏伟、复古的格调，就如罗马的人民广场。贝尔尼尼再度执掌整个圣彼得大教堂的工事，并投身于教堂广场的设计。在此期间，他还完成了蒙特其托里奥宫和奎里纳

左图
吉安·劳伦佐·贝尔尼尼，奎里纳尔丘圣安德烈教堂，1658—1670年，罗马，意大利

头顶巨大三角楣的宏伟正立面呈现出扁平状。凹形的侧翼几乎要向内弯曲，而半圆形的门廊向广场外凸，给人以整个建筑要向外迸发的感觉。

右图
吉安·劳伦佐·贝尔尼尼，梵蒂冈宫教皇大台阶，1663—1666年，梵蒂冈

在台阶的第一部分，贝尔尼尼利用圆柱来矫正透视，使墙面显得更规整。接着，他在上坡路上将坡道分割成两段，又在两段之间的楼梯平台上引入一道从左侧射入的无形光源。

尔丘圣安德烈教堂的建造，在那里建筑师有机会重新回归中心对称平面的题材。

　　17世纪的罗马城市形象主要体现在教皇或修会委托建造的宗教建筑上。公共作品大多集中在道路、桥梁和喷泉的修整与新建，而其他民用建筑则相对受到忽视。实际上，"圣城"已经将大部分资金和最重要的艺术家集中到了城内。贵族的府邸通常也是由教皇家族出资建造。譬如英诺森十世在位期间为潘菲利家族而建的蒙特其托里奥宫，后来亚历山大七世延续了这种做法，下令建造多座贵族宅邸，其中包括奥德斯卡奇-基吉宫（1665—1667年）。贝尔尼尼在此设计了一座拥有宏伟正立面的古典式建筑，其主要特征是位于一层基座之上的，纵贯二、三层的巨型壁柱。这种建筑类型与蒙特其托里奥宫相似，建筑师还将这种形式应用于同一时期的卢浮宫项目中。

上图

吉安·劳伦佐·贝尔尼尼，蒙特其托里奥宫，1650年—17世纪末，罗马，意大利

　　这座雄伟建筑的正立面虽质朴简洁，但其结构形式显然属于巴洛克风格——建筑表面的微凸与两侧边楼的外扩体现了17世纪对城市空间的处理方式。

　　对称构图的建筑正面实际由五个面组成，共同合成一个外凸的形体，面与面之间的界线以略微凸出表面的两层通高柱作为标记。位于中轴线上的大门进一步凸显了立面的对称感。底楼施工结束后的1655年，项目被中断，此后，丰塔纳对原有设计图做了几处修改，建筑于17世纪末完成。

弗朗西斯科·波洛米尼

　　弗朗西斯科·波洛米尼出生于伦巴第大区，从小学习石匠手艺，他在米兰主教堂的工地上积累了一些经验后，直至 1614 年才来到罗马。在这里，他在卡洛·马代尔诺管理的圣彼得大教堂工程中担任大理石雕刻师。作为建筑师，他的大部分工作都来自 些像兄弟会和修会那样的小委托人，也曾有短暂的一段时间不受教廷的赏识。他内向、不好相处的脾气性格，在某些方面与卡拉瓦乔相似，常常与和他个性截然相反的贝尔尼尼发生争吵——后者指责他"把比例建立在奇美拉（狮头、羊身、蛇尾的怪物）身上"，认为他是被派来"破坏建筑"的人。事实上，波洛米尼的作品以自然和源自自然的几何学，以及米开朗琪罗及其不走寻常路的建筑法则为基础；他拒绝传统上把建筑理解为反映人体比例的概念，但同时他又是一个造诣颇深的古典艺术鉴赏家。在他的作品中可以找到所有过去的风格：不是单纯地模仿，而是凭借他的艺术敏感性，以个性而天才的方式进行诠释后的一种变革。来自东方世界和自然界的魅力被糅入他的建筑之中，这无疑会让与他同时代的人感到不安。

左图
弗朗西斯科·波洛米尼，圣腓力祈祷会与住宅楼正立面，1637—1640年，罗马，意大利

　　该作品是罗马首座曲面建筑。

　　建筑师表示他受到人体动作的启发，就像人们在欢迎到访者，也就是张开双臂的动作。波浪般的动势给人以外立面几乎要折拢起来的印象——排列齐整的砖块进一步强化了这种生命有机体的感觉（源自古罗马的技术工艺），整个建筑表面纹理细腻，可以能动地与光线发生反应。

上图
弗朗西斯科·波洛米尼，四泉圣嘉禄堂庭院，1635—1641年，罗马，意大利

建筑体态的延续性也沿用到了庭院中。

为此，波洛米尼采用连续的柱顶横檐梁（置于拱门上方的水平元素），跟随筑墙的起伏围裹起整座庭院——这里没有传统意义上的隅角，随处可见凸起的弧面。与教堂一样，庭院内的建筑表面也有序排列着一系列位于上下两层的圆柱，由此产生的效果使整体空间显得分外和谐。

下图
弗朗西斯科·波洛米尼，四泉圣嘉禄堂穹顶，1635—1641年，罗马，意大利

纵向发展的形式本身便十分简约——但值得注意的是檐口上方复杂的十字形布局如何变为一个椭圆形的穹顶。深凹的蜂窝状花格顶装饰（灵感似乎是来自公元4世纪的圣康斯坦萨墓堂）配合光影的律动产生惊人的效果，穹顶仿佛轻若无物，动势的张力集于顶端的天窗，俯视着整座建筑。这个天窗实际上是由八条凸弧线组合而成，好像有一股也许是来自外部空间的推力，在由外向内施加；同样，整个墙面的起伏似乎也源于力的扩张和收缩。

杰出作品
罗马圣依华堂

波洛米尼接受委托在波伦亚学院原有的院落内建造一座教堂，就在 1642 年，这里成为一座大学，与智慧宫毗邻。该工程的难点在于，所处环境已被限定，正方形的空间面积也十分有限——波洛米尼通过对中心空间形式的完美诠释造就了这件或许是他一生最杰出的作品。

设计方案的不拘一格，尤其是天窗的奇特造型深深震惊了他同时代的人们，他们无法从几何关系或形态中找到任何与传统建筑有关联的地方，他们甚至把他看作一个企图超越建筑和空间界限的狂人。

无论如何，这位来自伦巴第的建筑师对古典建筑的巨大热情从未退却——只不过他以一种个性化的创造性语言对此重新演绎，以至于很难第一眼就识别出来。此外，对过去风格的简单模仿丝毫不是波洛米尼会考虑的。至于这件作品所包含的严密的几何和数学理论，其实也无须太过惊讶——只需想想 17 世纪是拥有重大科学发现的时代，也是伽利略的时代。他以数学为基础的宇宙观不但有大学学者的守护，更受到乌尔班八世的极力捍卫。

32页图

弗朗西斯科·波洛米尼，圣依华堂西侧，1642—1660年，罗马，意大利

1578年，皮罗·利戈里奥与贾科莫·德拉·波尔塔共同建造了这座大学庭院及其楼宇。1632年，波洛米尼开始着手改建。正立面内凹的设计是上方鼓形柱的反向形式，前者不断展开向庭院延伸，最终实现完全的融合，就像一个完整的有机体。庭院的三边为双层拱廊所围绕，顺势将观者的视线引向教堂。教堂正立面上有序排列着的壁柱饰与拱形窗，更凸显了整体视觉效果的延续性。正立面的顶饰两端向后弯曲，我们看到上面有基吉家族的族徽——六峰山。

上图

弗朗西斯科·波洛米尼，圣依华堂穹顶内景，1642—1660年，罗马，意大利

穹顶直接架在檐口上方。从各棱角处延伸出六条金色轮廓的穹棱肋，将穹顶表面分成数瓣，顶部以一个环形天窗作为收尾。这件作品实现了建筑在纵向上的连续性，其平面的形状被同时反映在穹顶之上。

意大利的巴洛克

在罗马之外的意大利其他地区，巴洛克的传播彳亍向前。那些曾在 16 世纪拥有极高艺术地位的城市，由于时疫的多发以及整体经济衰退的影响，工程建设速度放缓——其中最鲜明的一例要数佛罗伦萨，当样式主义之风吹散后，在新一代的建筑师中竟找不出一个能再攀曾经高峰的创新派人物。至此，这个欧洲最大的艺术中心之一几乎完全从意大利的建筑舞台上消失了，尽管巴洛克的根源可以追溯到美第奇时代的佛罗伦萨，特别是劳伦兹图书馆前厅那奇异的造型。米开朗琪罗在这件作品中所采用的非古典传统的比例和线条，一度让与他同时代的人们深感不安。

35页图
加布里埃莱·里卡尔迪，圣十字教堂穹顶，1590年，莱切，意大利

毫无疑问，都灵被认为是意大利的第二大巴洛克中心——萨沃伊王朝其实十分关注罗马和巴黎的情况，把建筑和城市规划作为彰显绝对权力的工具。同时，萨沃伊宫廷还有一位可以仰赖的重量级人物——加里尼，在他的无数次旅行中，偶然在萨沃伊的首都停留了一段时间，在这里他实现了多件杰作，更为 18 世纪的宏大发展铺平了道路。此外，在意大利北部，仅仅出现过一些个例，因缺少合适的继任者而未能获得进一步发展。最典型的例子就是威尼斯共和国，在 1576—1630 年，它力图提升自己在贸易和政治舞台上的国际地位，要以全新的形象与罗马相抗衡，威尼斯人并不承认后者天主教首都的角色。

因为这个原因，具有歌功颂德性质的新建筑在威尼斯共和国找到了成长

37页图

圣十字教堂一层的柱头，16世纪，莱切，意大利

莱切的巴洛克中布满了中世纪元素（动物、怪物、海妖），与 16 世纪的风格一脉相承——当地的手工艺传统与凝灰岩的使用保证了风格上的传承，这种石材可塑性极强，可以雕刻成各种奇异的装饰品，随着时间的沉淀，更显精工细作。

左图

加里诺·加里尼，圣劳伦兹教堂采光塔，1668—1680年，都灵，意大利

我们无法从外部观察到建筑内部原本的复杂结构。显然，加里尼的作品是供人们从建筑内部，用由下往上的目光来欣赏的，如此才能亲身感受到作者大胆的垂直设计方案。不过，要注意的是，圣劳伦兹教堂的外观并非出自加里尼之手。当时的统治者担心加里尼不同寻常的设计会扰乱都灵的城市形象，可能会打破他们所珍视的平衡状态——在一个绝对的君主国中，不宜出现一座备受瞩目的教堂。无论如何，从顶部的天窗上仍能分辨出典型的巴洛克特征——凹凸相间的轮廓线之间有被细巧的双柱框围起的窗户。这些线条的走势与下方的建筑（八角形采光塔）互有关联，在各顶角处壁柱集中的地方再现了同样的形态张力。

的沃土，激发出数量庞大的建筑项目。仅凭天才艺术家隆盖纳的一己之力显然不足以撼动 16 世纪的传统（帕拉迪奥、桑索维诺、斯卡莫齐），这股深深扎根于当地文艺复兴式古典主义的因袭力量，最终局限了新风格的演变。

　　总体上，需要着重指出的是，意大利北方出现了一种对新的空间性的探求，以个性化的语言来表达，通常不受罗马的影响：在威尼斯、米兰和热那亚这些城市中，隆盖纳、里基尼和比安科分别推动了中心对称布局和建筑形态的发展创新，这与罗马的建筑革新发生在同一时期，所以并不是受其影响的结果。

　　在意大利南部，巴洛克风格的进程截然不同。这里的艺术发展在很大程

左图

马里亚诺·斯梅利里奥、文森佐·巴伯拉、安吉洛·伊塔利亚，新加尔默罗堂大圆顶，1626年，帕勒莫，意大利

这种独特的西西里巴洛克表现形式在帕勒莫城或整座岛上的其他任何作品中都找不出一件相似之作。安吉洛·伊塔利亚设计的穹顶立于一座高大的鼓形柱上，就像是被放置在两根圆柱间的那四根巨大的人像柱所支撑着。偌大的窗子与这些怪异的形象交替出现，光线就从这里射入教堂。大窗的窗框装饰十分丰富，布满了孩童像与花朵图案，圆顶的表面覆盖着五彩缤纷的釉彩陶，顶部是一个带小圆顶的天窗。

39页图

加里诺·加里尼，都灵大教堂内部天窗细节，1667—1682年，都灵，意大利

顶端的天窗有如一颗偌大的十二角星，中心处是一只母鸽，象征着圣灵——为了呈现一种轻若无物而又神秘光耀的感觉，加里尼在墙面上开凿出12个卵形的小窗。

度上依附于罗马，因为大部分的那不勒斯建筑师正是从圣城学成归来；那不勒斯成为一座显赫的巴洛克中心城市（在相当短的时间里），借助明显的政治和地理位置优势，很快便向南部其他地区传播它的罗马经验，尽管是以模仿的形式。这里也涌现了一些才华出众之士（如凡扎戈），却无人能以独特的个人魅力脱颖而出。

确实，巴洛克风格在意大利南部地区实现了更广阔的发展（不过真正的高潮直到18世纪才出现），虽然它们对罗马的艺术创新完全没有再进行任何独到的诠释，而在建筑方面也囿于当地传统的形式，只是将巴洛克理解为一种装饰手法，而不是空间的变革，但不管怎样，这里仍然出现了许多水准极高的作品。

巴尔达萨雷·隆盖纳

　　师从斯卡莫齐学习雕塑的巴尔达萨雷·隆盖纳（1598—1682 年）绝对是位举世卓绝的人物。他的代表作安康圣母堂的建成要早于罗马任何一座大教堂，与威尼斯共和国传统的矩形平面相比可谓是彻底的创新，也是用地方性和个性化来诠释巴洛克风格的一个绝佳范例。只可惜在隆盖纳逝世之后，威尼斯后继无人，因此巴洛克仍被视为 16 世纪建筑自然演变的结果，继续保持着文艺复兴晚期的风格，就像朱塞佩·萨尔迪（1630—1699 年）的作品。安康圣母堂的成功使隆盖纳成为 17 世纪威尼斯建筑界无可争辩的主角，当时所有的主要工程订单纷至沓来——他勤于作业，设计并建造了修道院、学校、教堂还有宫殿。实际上，私人建筑的订单越来越多，尤其是新贵族家庭的邀约——1640—1650 年，他建造了无数私家大宅，大多分布于大运河两岸，其中包括圣康齐亚诺区的贾尔丁家族莫罗西尼宫（1644 年）、大运河上圣斯塔艾区的贝罗尼–巴提贾宫（1648 年）以及大运河上位于圣巴尔纳巴区的另一座宫殿。这些作品展现了鲜明的当地特色：其实，隆盖纳的私人住宅设计常常参考桑索维诺的建筑模型，多沿用中世纪时期最广泛应用的传统威尼斯贵族宅邸的建筑平面和室内布局。但在外立面的设计上，他对威尼斯 16 世纪以来所使用的模式进行了个性化的研究和再创作，为他的宫殿增添了雄伟、恢宏的气势，恰到好处地展现出显贵家族的权力。

左图

巴尔达萨雷·隆盖纳，从运河上看到的佩萨罗宫，1659—1682 年，威尼斯，意大利

　　这座位于大运河上的贵族宫殿或许可以称为隆盖纳所诠释的巴洛克风格的巅峰之作，创造了真正的"威尼斯巴洛克"之风。尽管正立面的构图仿效了桑米歇利的作品以及桑索维诺所作的角宫（16 世纪）的传统划割形式，但同时又具有鲜明的巴洛克特质：表面的立体化处理手法就像在打造一件雕塑作品，外立面在"虚—实"与"明—暗"间律动起来，这是文艺复兴模式所没有的。

威尼斯安康圣母堂

在安康圣母堂，帕拉迪奥式的宏伟格局首次应用于一座中心对称布局的建筑中——正立面中心处凯旋门的设计形式被反复使用了八次，八边形的每条边上各有一次。此外，威尼斯传统与拜占庭风格在视觉上和谐相融。两个大小不同的穹顶彼此相邻（较小的穹顶未能进入照片镜头），创出如画的舞台布景效果。这座壮丽的教堂建筑彻底改变了17世纪威尼斯的城市风景，吸引了无数的好奇目光，全方位地发挥了宣传的作用，体现了典型的巴洛克概念。

上图和下图
巴尔达萨雷·隆盖纳，安康圣母堂外景与细部，1631—1648年，威尼斯，意大利

较大的穹顶以雕像作为装饰，四周环绕着12枚被称为"大耳朵"的巨大的涡形扶垛。扶垛是一种结构元素，被置于建筑外部用于抵御来自穹顶内部和弓形结构的压力。隆盖纳还为这些元素赋予了象征意义：环抱着鼓形柱的扶垛就像一顶敬献圣母的皇冠。建造这座教堂是为了祈求圣母庇佑结束一场侵袭威尼斯城的疫病，故取名为"安康"。

加里诺·加里尼

身兼神学家与数学家的加里尼属于钦阿提纳派，受修会委托，他为布拉格、巴黎、里斯本、梅西纳、维琴察和其他一些意大利小城市设计并建造了多座教堂。直至 1663 年，他应卡洛·伊曼纽尔二世之召前往都灵，这座城市里几乎所有的设计师都来自皮埃蒙特，并且人多学习军事建筑。显然，加里尼将一阵国际化之风带入城中，但他还发挥了皮埃蒙特的工程文化以及对结构试验惯有的热情。他那些最大胆的作品在这里获得赏识并得以实现，尽管形式复杂，他不可思议的极端主义结构仍广受赞誉。这些令人惊异的垂直结构往往诞生于一个天才的平面方案。加里尼根据自然原则来组织空间：建筑本身的扩张和收缩运动产生了构成建筑内部的空间体（理解为单个的单元），随后这些单元相互组合、交织。这种过程是完全创新的，与传统的空间加成或接连毫无关联——它更像是一种融合，到最后，这些空间体不再被认为是独立的实体，而只是一个有机系统的组成部分。他的手法与波洛米尼十分相似，加里尼在他的罗马之行中曾欣赏到后者的作品。对这两人而言，建筑即空间与光，因此，在他们的作品中甚少出现纯粹装饰性的巴洛克风格表现形式。他们都把几何与空间放在首位，不会纠结表面上覆盖的装饰，而是利用简洁的形式和质朴的材料来凸显本质。另外，通过开掘支撑结构之间的实心表面（比如两根柱子之间的墙体），他们将建筑精简到最基本的构架。加里尼甚至凿空了拱顶表面，只留下棱肋，让外界的光线能够多点渗透。这种四周表面消融后的"骨架"效果使人想起哥特式教堂。此种设计类型中最有趣的作品之一要数圣安娜皇家教堂（现已被毁），它在巴黎的出现并非偶然，那里是法国百年石砌建筑传统的核心所在。唯有加里尼新颖独特的结构可与哥特式大胆的垂直设计相媲美，前者的创新性更引发出夹杂着好奇心的畏惧之感。

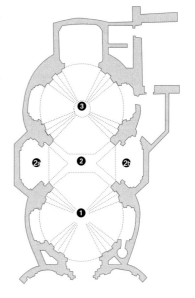

上图和下图

加里诺·加里尼，圣母受胎教堂中殿顶棚与平面图，1673—1697年，都灵，意大利

由连续的三个元素定义的空间让视线跟随一条以透视法绘制的路线落在圣坛处。这三个单体中，外侧的两个呈圆形（1 和 3），而中间则为六边形（2），它们不是简单地、一个挨一个地并置，而是互相融合、互相渗透，很难把它们视为独立的个体。纵轴是一条主轴，但中央的单体（2）还有自己横向的中心线（2a-2b），与前者相反。

这两条轴线之间的张力启动了空间扩张与收缩的进程，激发出活跃而震颤的动态效果。

杰出作品
都灵圣洛伦佐大教堂

　　该作品代表着拱形结构领域最大尺度的尝试：光透过被"镂空"的传统实心圆顶涌入室内，只留下交织的穹棱肋清晰可见（见轴测图中1），令人联想起某些哥特晚期的结构。但哥特艺术认为形态与功能不可分割，意即建筑应当符合稳定性系统，不允许制造错觉。而巴洛克则充满假象，一些本该实心的地方被挖空（就像位于柱础处被掏空的小礼拜堂，这里的壁柱本应起到支撑穹顶的作用，轴测图中2），加里尼的手笔令与他同时代的人们感到震惊，但这种结构在力学上无法实现。为使假象不被揭穿，他设计了一个双重结构——看起来起承重作用的结构实际上只承受其本身的重量（拱、肋等），而真正的结构则隐于无形，倚靠在教堂的外墙之上。

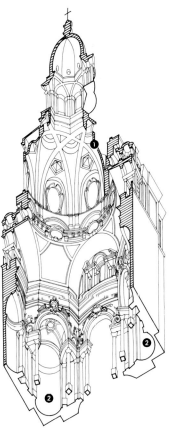

左图和右图
加里诺·加里尼，圣洛伦佐大教堂采光塔及轴测图，1668—1680年，都灵，意大利

那不勒斯

17世纪，意大利南方所有的文化事件和非宗教事件都与那不勒斯有关，这里是西班牙总督辖区的首府，也是贸易往来的重要中心。17世纪伊始，那不勒斯就是欧洲人口最多的几座城市之一，仅次于巴黎——这势必要求对城市布局和建筑进行革新，巴洛克艺术因此得以蓬勃发展。那些年的那不勒斯代表了真正的意大利巴洛克之城的形象，意大利南方最优秀的艺术表现形式在此诞生，像卡拉瓦乔这样的艺术家也在这里留下他们的大作。在建筑领域，除了来自统治阶级的订单，增加了来自新宗教团体的工程项目，后者修建了百余座教堂——城市面貌发生变化，成为一座修道院之城，宗教建筑与民用建筑间古老的平衡就此打破。巴洛克对装饰艺术和彩色材料充满无尽的热情；这在16世纪末就已广泛传播，及至17世纪，多色拼接大理石（一种镶嵌工艺）的使用让这股装饰潮流达到巅峰。那些年在罗马发展起来的空间研究之风不久便吹向相距不远的那不勒斯，但直到18世纪才得以真正扎根。那不勒斯式巴洛克实际是一种地方性的诠释，主要体现在装饰性和绘画效果上，作为最简单、最有效的洗脑方式；与此同时，教堂的平面仍保留着传统的中殿搭配小礼拜堂的模式。

44页右图

柯西莫·凡扎戈，圣马丁卡尔特修道院教堂内部，1623—1656年，那不勒斯，意大利

从这座教堂拱顶的十字形肋拱上仍依稀可见哥特之风，但在其他表面上为荡然无存，完全被热闹的装饰所覆盖，从墙面上的大理石镶板、多彩的地面，到石膏饰、装饰品和祭坛。在装饰风格上，可以看到16世纪与17世纪的品位和谐相融。

卡尔特修道院可谓是凡扎戈作为真正的建筑师的第一个项目——直到职业生涯的第二阶段他才进入建筑界，彼时的他作为雕塑家和石匠已是声名赫赫。这件室内作品充分展示了他杰出的装饰功力，他利用彩色大理石镶嵌技术创造出或富于幻想，或自然主义的形态。

上图

乔万尼·安东尼奥·多西欧、贾科莫·孔弗托、柯西莫·凡扎戈，圣马丁卡尔特修道院大庭院，1591—1631年，那不勒斯，意大利

这片壮观而珍贵的建筑群最早建成于14世纪。16世纪末到18世纪，修道院（由教学、庭院和院长居所组成）经历了多次翻新，但其主要风格品位被定格在17世纪，有众多当地艺术家参与到项目中来。1623年起，凡扎戈（1591—1678年）着手改造这座庭院，院内的建筑简约而和谐，有一连串大理石柱连接而成的拱廊——他用雕塑、石膏饰与僧侣墓地四周华美的大理石栏杆来装饰原先多西欧完成的作品。

莱切

　　一个强大的宗教阶层希望将莱切变为一座"教堂城市"，因此 17 世纪时这里的工程以宗教建筑为主。正是人主教路易吉·帕帕科达（1639—1670年）引领了这场革新运动，意图使莱切成为西班牙总督辖区内一个仅次于那不勒斯的重要中心。莱切长期受西班牙人统治，文艺复兴姗姗来迟且影响较弱，文化仍与中世纪息息相关，巴洛克便是在这样的背景下发展起来的。直到 17 世纪，人们仍能在此找到古罗马式、诺曼式和样式主义的艺术形式。罗马式与那不勒斯式的新巴洛克形态以一种个人化、本地化的语言演绎出来，借鉴了昔日丰富的文化遗产，并通过萨伦托的手工艺传统形式表现出来，形成一种独一无二的艺术风格。

　　朱塞佩·琴巴洛（1617—1710 年）的作品让莱切式巴洛克为人所知晓，他的设计中充溢着丰富的装饰元素，但却未能摆脱纯粹的表面美化形式（确实十分具有说服力），也无法转化为一种结构与空间上的探索。当波洛米尼和加里尼则利用曲线和开放空间的理念来消解墙体结构，弱化其作为物理界限的功能，莱切的建筑师们与西班牙和南美的建筑师一样，用大量的表面装饰包覆外层墙面，同样取得了相似的效果（即消融了墙面）。

47页图

塞莱斯廷宫正立面（原修道院），1659—1695年，莱切，意大利

　　这件完成于 17 世纪下半叶的作品见证了一种独立的、个性化的当地风格的流行，设计者娴熟地融合了多种过去的风格，更远离西班牙文化的影响。

　　外墙由精细的长方形砌琢石筑成，上面有序排列着微微凸起的壁柱（壁柱饰），同样由砌琢石堆成，但石块尺寸更大。

　　曲线形山墙上的涡形装饰同时还出现在一楼的窗框上（朱塞佩·琴巴洛的作品），体现了来自凡扎戈的那不勒斯风格的影响；若是对比一楼与二楼（17 世纪末、朱塞佩·奇诺作品）的窗框，则可以清楚地看到一个形态精致化的过程，典型的早期洛可可风格初露端倪。

左图

圣十字教堂，1571—1646年，莱切，意大利

　　教堂的正立面看似一件和谐的、由同一位艺术家完成的作品，实际却是从 16 世纪末至 17 世纪中期分多次作业。它完美地体现了莱切式巴洛克风格的传承，其肖像寓意也一脉相承，象征着基督教（十字架）对异教徒的胜利。正立面的下层由加布里埃莱·里卡尔迪完成于 16 世纪；阳台下的 13 个人形隅撑象征着异教的世界为信仰的力量所折服，这已是 17 世纪时的作品。凯撒·佩纳与朱塞佩·琴巴洛为正立面的上层设计了一个巨大的圆花窗，两侧立有圣人像，顶端是内接十字架的塞莱斯廷会纹章。

西西里

在同样作为西班牙总督辖区的西西里，17 世纪的建设主要集中于宗教建筑；这种潮流在短时间内将许多城市居民区转变为西班牙修道院式城市，与那不勒斯和莱切如出一辙。除了民用和军事建筑，岛上中心城市，即帕勒莫和梅西纳的建设以宗教建筑为主，它们是海上贸易的大枢纽。17 世纪初，巴洛克艺术的发展背景仍然受诺曼式风格、意大利中部晚期样式主义残留的影响，西班牙风格的美学潮流更是起到举足轻重的作用。16 世纪中叶开始引进新的艺术形式，主要是由于耶稣会的传播，他们于 1564 年在帕勒莫建立了耶稣会士教堂。可惜的是，如今早期巴洛克的痕迹只留在一些岛屿西部地区的建筑中，只因 1693 年的地震几乎摧毁了整个西西里岛东部——18 世纪重建建筑的表现风格更显成熟与先进。能工巧匠的贡献，加之雕塑家与建筑师的完美合作，让我们时至今日仍能够欣赏到 17 世纪西西里式巴洛克卓绝的艺术品质；但是，很少有作品可以从一个地方性的语境中脱颖而出。

下图

乔万尼·维尔迈休（署名尚未确定），参议院大厦，1629—1633 年，锡拉古萨，意大利

在 19 世纪的顶楼盖上之前，整个楼体是一个完美的立方体，中间被一排长长的阳台水平隔开。上下两层建筑还从风格上加以区分：下层体现了文艺复兴式的优雅与平衡；上层则是巴洛克风格，有假面饰、贝壳装饰的柱头、不连贯的上楣柱，还有窗台下方形态各异的隔撑。

正立面的中央是一只巨大的帝国雄鹰雕像。

在上檐口处可见维尔迈休（西班牙裔的锡拉古萨建筑师）的签名——一条雕刻的蜥蜴，他因身形瘦削而得的绰号。

上图

耶稣会士教堂（受戒堂）祭台，1564—1636年，帕勒莫，意大利

　　这座由耶稣会建造的建筑充分体现了天主教改革要求的极简原则，17世纪时教堂经历了一场深度变化：由典型的单一中殿加双侧礼拜堂的形式变成一个三中殿的空间，完整地保留下原有建筑内部的墙面，并以彩色镶嵌大理石、湿壁画以及华美的石膏饰（贾科莫·塞尔博塔作品）覆盖其上。半圆殿更是一件独一无二的建筑、雕塑珍品，以珍贵颜料与材料制作的耶稣胜利像足以让观者叹为观止。

右图

安吉洛·伊塔利亚，圣方济各萨韦里奥教堂内部，1685—1711年，帕勒莫，意大利

　　偌大的圆顶四周围绕着四个较小的穹顶，两个小穹顶之间的夹角分别对应下方的四座六边形礼拜堂。每个礼拜堂都面向这个中心空间，它们被圆柱上一道形似阳台的栏杆分为上下两层，各个礼拜堂上的栏杆连接起来组成一个正八边形。光透过大圆顶下方鼓形柱上的窗口以及四个角上的小穹顶射入教堂。耶稣会建筑师安吉洛·伊塔利亚（1628—1700年）希望通过这样的平面组合方式来展现他对空间的革新，但在西西里岛上未能得到响应。

巴洛克的传播

巴洛克艺术强大的表现力不仅能用于彰显宗教权力，同样也适用于展现政治实力。继罗马的宗教建筑之后，巴洛克风格传遍整个欧洲，特别是在那些国王和君主力图通过城市规划和建筑革新来重塑城市形象的地方。众所周知，巴洛克风格在法国的别墅和贵族宫殿中得到了最极致的发挥，君王家庭在那里用尽一切手段炫耀他们的尊荣地位。诚然，巴洛克在法国大地上的传播无法与其在意大利的辉煌相提并论，但法国的建筑，只须看凡尔赛宫或勒诺特设计的花园，便可知它们对巴洛克未来发展产生的巨大影响已为后来洛可可的出现做好了铺垫。与法国、意大利、荷兰的频繁贸易往来也让那些斯堪的纳维亚的新教国家加入到这种建筑风格的传播中来，其高效的表达方式很快为统治者们所认可和利用。

51页图
小尼克戴缪斯·泰斯，泰斯宫（斯德哥尔摩皇宫）花园内景，1692—1700年，斯德哥尔摩，瑞典

意大利建筑师对早期巴洛克风格在法国发展，再从法国传播到整个欧洲发挥了更为重要的作用，蜚声国际的贝尔尼尼甚至还受到太阳王（路易十四）的邀约。他为卢浮宫所做的设计虽未被最终采纳，但却成为17世纪全欧洲无数宫殿宅邸的灵感源泉。17世纪后期，外国建筑师到意大利游学或参与主要城市的工程项目渐成常态。大批外国建筑师深受罗马式巴洛克第二代大师卡洛·丰塔纳的影响，很多人回到祖国后不久便崭露头角，其中包括小尼克戴缪斯·泰斯、鲁卡斯·冯·希尔德布兰特、约翰·丁岑霍弗尔、詹姆斯·吉布斯和丹尼尔·珀佩尔曼。

奥地利、德国和波兰为巴洛克风格在欧洲东北部的传播起到了推波助澜的作用。17世纪末，在维尔纽斯（今立陶宛）第一次出现了中心对称布局的空间。这种新的艺术形式借道波兰与乌克兰，于18世纪初登陆莫斯科，但在欧洲以外地区的发展来得更迟，直到晚期巴洛克的表现形式开始转变为一种后来被称作洛可可的风格之时。跟奥地利和德国一样，西班牙和葡萄牙也是在18世纪时达到艺术表达的巅峰状态，继而有能力将新风格推广到它们位于南美的殖民地。总体而言，整个拉美地区的建筑糅合了伊比利亚与葡萄牙的建筑模式，并无格外创新的贡献。就像意大利的巴洛克有别于德国和奥地利一样，同样地，我们可以从南美的巴洛克发展史中找出大量丰富的风格变化，让每一种本土化的语言表达都变得独一无二。

相较于耶稣会士们推广的欧洲建筑模式，不同的宗教团体一方面要考虑到形形色色的手工艺和建造传统，一方面还要根据实际需求和当时的情况，

下图

萨罗蒙·德·布洛斯，卢森堡宫大花园正面，1615—1624年，巴黎，法国

遵从法国皇后玛利亚·德·美第齐的意愿，宫殿的外观采用托斯卡纳地区的文艺复兴晚期风格——这位皇后似乎还要求参照佛罗伦萨皮蒂宫的样式，用巨大的砌琢石覆盖整个三层楼的表面。在中心位置，成对的壁柱饰与并置的圆柱交替排列，其强烈的立体感让宫殿大门显得分外庄严。

来选择不同的风格建造大教堂——所有这些前提条件往往都会造就某一种特质和原创性的作品。

因此，墨西哥式巴洛克不能与西班牙的巴洛克一概而论，也不可与厄瓜多尔或秘鲁本地化的诠释等量齐观；同理，该时期的巴西建筑也只能模糊地与葡萄牙建筑建立关联。伊比利亚-葡萄牙样式与中南美洲风格语言的相似要归因于两者皆以装饰元素为主的设计。当灵柩、华盖、祭坛和壁龛（均为临时性或可移动建筑结构，用于宗教仪式）成为一座建筑的典型特征，便需要在空间安排上充分考虑装饰性元素。在任何其他地方，欧洲建筑师都不可能有机会实现如此丰富、大胆的装饰，也不敢使用这般鲜艳、强烈的色彩对比。很多建筑的正立面仿效了祭台的形式，所用饰物和浮雕令人联想起木雕作品——这种工匠式的表达形式对欧洲而言实属罕见，很可能是当地一流雕刻师的巧手之作，见证了这种原生艺术风格得以存续的力量。

大都会教堂，1571—1813年，墨西哥城，墨西哥

这座雄伟的灰石大教堂的建造工程延续了近250年，可以看到不同的样式之间是如何通过当地风格的延续从而实现美学上的和谐。简洁几何造型的主体部分规模宏大，建成于17世纪（1667年竣工），而正立面与两侧塔楼加建于18世纪。虽属新古典主义风格，但正立面的设计和上面的装饰元素（从真正的装饰物到小螺旋柱、曲线形山墙和涡形装饰）透露出一种鲜明的西班牙风格，依旧徘徊在巴洛克的语境之中。

法国

与欧洲其他国家相比，17世纪法国的政治和社会背景为新风格萌芽阶段的意大利艺术家提供了最适宜的发展环境，在这里，颂扬权力的方式存在无限的可能性。黎塞留、柯尔贝尔和路易十四执政期间的绝对君主制成为艺术、文化繁荣兴盛的前提，统治者有意将巴黎打造成新的欧洲艺术中心。与此同时，在过去五个多世纪的各艺术领域中曾独占鳌头的罗马日渐式微。欧洲几大最具威望的宫廷不断地向意大利艺术家抛出橄榄枝，因国际交流更为便利，巴洛克风格迅速传播开来。很快，引领潮流的不再是罗马，而是巴黎。1669年，被任命为"皇家建筑主管"的柯尔贝尔做出决定，曲面形态缺少优雅感且品位低俗，因此不宜用于建筑外观设计。

自此之后便很难在法国找到特别有趣的空间设计方案，几年后的建筑学院（1671年成立于巴黎）开始力推古典风格，以对称感和比例的平衡感为基础，注重线条的简洁与严谨性。出于这些原因，17世纪的法国建筑多为雅致的古典主义风格，室内则是丰富的巴洛克风格装饰——短短数十年后，洛可可即将诞生。法国的巴洛克城市空间以一个网状系统为建设基础，主要中心区域按城市划定，每座城市都按网格结构布局，其中的大节点即广场。巴黎在这些广场的中心位置矗立起统治者的雕像，在17世纪时完成了整整四座，皆为赞颂波旁王朝（从亨利四世到路易十四）而制。皇家广场的规划没有预先设定的模板，尽管它们的平面布局通常都呈现出十分简洁且具有识别度的形状：先是三角形（太子广场，1605年），后有方形（孚日广场，1605—1612年），直至出现圆形的胜利广场（1682—1687年），为"太阳

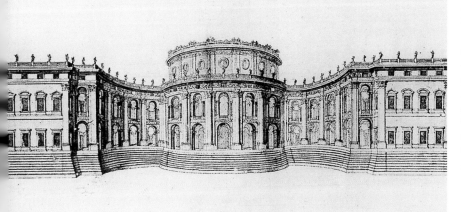

吉安·劳伦佐·贝尔尼尼，卢浮宫正立面设计初稿，1664—1665年，巴黎，法国

卢浮宫原是路易十四的巴黎宅邸，首相柯尔贝尔为该建筑的扩建找来了当时最优秀的建筑师，贝尔尼尼是其中首屈一指的人物。在这幅初稿中，我们可以看到罗马式巴洛克主题的发挥——律动的线条，波纹状的走势，主楼因两侧边楼的弯曲延伸呈现出的外开状，形态与视觉的和谐统一。这样的形式在法国人眼里少了古典韵味，遂未能采纳。但是，该立面设计后被屡屡作为样板使用。

左图和下图

雅克·勒梅西耶，索邦教堂正立面与平面图，1626—1642年，巴黎，法国

平面布局可以归结为一个拉长的希腊十字，其中轴线构成一座普通巴西利卡式教堂典型的中殿（1a-1b），随后在中殿两侧入小礼拜堂（2）。勒梅西耶把大穹顶放在两条轴线的交点处，构成一个中心，这个空间沿着纵轴伸展，最终形成一个椭圆的效果。根据平面设计，两个正立面皆为各自中间线上的入口（3和4），如此便符合了17世纪的法国尤为注重的古典主义对称感。此外，勒梅西耶对古典主义风格的偏爱也体现在他学院派的立面处理方式上，严谨而朴素的线条显示出维尼奥拉以及意大利16世纪晚期风格对他的影响。

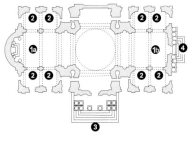

王"路易十四的雕像提供了最完美的背景。这些广场只是单纯地被视作都市空间——并没有用几座雄伟的建筑物围出一座广场（就像意大利那样），周边的建筑往往是普通的住宅楼，统一的正立面依次排列，有如国王雕像旁的侧幕，似乎意在展现君王与臣民的关系。鉴于法国稳定的政治环境，在巴黎城扩建的项目中无须忧心军事方位的因素，与都灵等城市不同，巴黎的扩张不受土地的局限。在城市建设布局中可以加入宽阔的林荫大道和凯旋门，继而发展成为一个开阔的空间。只有在这里，巴洛克风格中无限延展的理念才真正得以实现，但其中的每一个元素，从广场到花园，都遵从一个指令性的结构安排。

佩雷勒，孚日广场远景，1605—1612年，巴黎，法国

这座位于玛黑区的广场呈正方形，周围是为富裕阶层而建的住宅楼。所有楼房的正立面皆为统一设计，底楼有连续的柱廊，楼上所有的窗户都毫无二致。除了设有主入口的较高的楼，阁楼和屋顶是该作品中唯一带来律动感的元素。这种风格和建筑上的纯一性造成了一种强烈的视觉延续感，与广场封闭的结构不谋而合，叫人联想起修道院里的庭院。广场正中的路易十三的骑马像落成于1639年。

旺多姆广场风景，1686年，出自一件19世纪画作，巴黎，法国

由 J. H. 孟萨设计的这座广场是城市西部扩建项目规划的新中心。不规则八边形的广场上有一片护墙式的建筑，顺着广场的斜边折叠。建筑的结构也因此显得十分封闭，但作者用一根清晰的南北轴贯穿广场，将内部与外部连接起来。在这道轴线上的广场中心点矗立着一根巨大的古典式圆柱，上面引人注目地摆着一座路易十四像。就像之前的例子一样，作者希望这件作品能够实现城市规划与建筑设计的和谐统一——业主们必须遵守一些设计样式方面的规范（涉及门廊、阁楼、建材的选用和层高）。

杰出作品
巴黎荣军院

利贝哈勒·布鲁昂受路易十四之托，以西班牙埃斯科里亚尔的修道院建筑为灵感源泉，建造了这座形态简洁且严谨的部队医院。整片建筑的中轴线上有一座形状颇为狭长的教堂，原本是为战争归来的老兵专设的礼拜堂。1679年，J.H. 孟萨负责建造一座中心对称的圆顶皇家礼拜堂，作为原有教堂的延伸部分。明显的纵伸感使人想起意大利17世纪的巴洛克风格，亦是当时法国大环境中一件独具特色的作品。

J.H.孟萨，荣军院庭院，1670—1708年，巴黎，法国

这里的形态符合法式巴洛克对平衡感与古典比例的偏好，但又表现出对罗马式巴洛克风格的浓厚兴趣。

我们可以发现作者如何实现这不可思议的建筑高度提升，他没有将外部的穹顶（木结构建筑、表面涂铅）直接架在高高的鼓形柱上，而是置于某种另外增加的、开有拱形窗的阁楼之上。

公馆

　　公馆——巴黎贵族阶层的住所，更贴近一个市内城堡的概念，而不是意大利的贵族宫殿，两者实际上在原则和类型方面都有区别。巴黎的住宅通常围绕一座宽阔的庭院而建，公共区域位于临街的一面，好像是要保护私人区域的私密性。17世纪意大利的贵族宫殿则截然相反，更多地向外开（只消想想巴尔贝里尼宫向前外伸展的边楼）。除了强调不同的文化和社会环境，另一个重要区别在于建造的份额。在意大利（除了那不勒斯、热那亚等城市），一般都有一个足够大的空间，让建筑师能够设计宽敞且极具代表性的房间。而在巴黎，可以作业的土地却非常局促且形状不规则，范围已被事先划定。如此一来，建筑师所有的创造力都放在尝试更为复杂的布局规划上；更狭小的空间（这也与当地的气候条件有关，当地要比地中海气候更寒冷）迫使建筑师更仔细地研究内部空间的安排以及楼梯和过道厅的位置。所有的一切都必须满足功能性与舒适性的原则。在这一点上，贝尔尼尼设计的卢浮宫因"不舒服"而未被采纳一事具有非常重要的意义。

左图

路易·勒沃，兰伯特别墅，1640—1644年，巴黎，法国

　　临街不远处，通向大楼梯的入口占据了整个庭院的画面中心，两侧内凹的表面与镶嵌的山墙（顶端的三角形）使整座建筑更具舞台感。上、下两层都有同样的古典式大圆柱，为大门增添了一种庄严的味道，底楼真正的入口位置非常靠后，门前放了几级台阶，形成有趣的虚实效果。与罗马建筑的做法一样，连续的水平元素（如柱顶横檐梁）和重复的垂直元素（如一楼位置的圆柱与微凸的壁柱柱础）保证了结构体的一致性。

上图

安托尼·勒·保特利，博韦府邸庭院，1658—1660年，巴黎，法国

进入私人区域前须经过一个圆柱支撑下的平顶空间，顶棚向外突出，伸入庭院（平面图中的 6）——同样的曲线形式也出现在正前方的筑墙上，墙面向内弯曲形成一个完美的半圆。整个庭院的四周环绕着阳台，为建筑表面增添了一种视觉和形态上的连贯性——下层墙面为砌琢石，四面处的墙面微微内陷，上面开有拱形的大窗和椭圆形的小窗。

右图

安托尼·勒·保特利，博韦府邸二层平面图，1658—1660年，巴黎，法国

勒·保特利在一块极为不规整的土地上设计出一座优雅精致的庭院（1），所有建筑都围绕在院子四周。路径的规划完全从实用性角度出发，即便是最不方便的角落也被充分利用起来。通过使用大量的曲线，最后的效果极富动感。临街的房屋（2）是唯一的形状规则的空间，一榜用于办公和商铺，作为公共区域向私人区域的过渡。二层觐见长廊（3）的尽头还有一个小礼拜堂（4），这座小礼拜堂的下方是一个马厩，同时面向庭院和花园（5）。

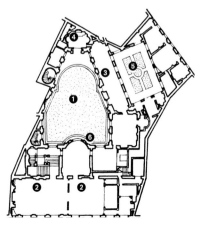

法式花园

法式花园的诞生常常与路易十四王朝（1643—1715 年）关联起来，但其源头可以追溯到 16 世纪的意大利花园。这种样式的花园沿一根主轴排列铺陈，宫殿位于正中央，以此为起点，整个布局都严格按照一个严谨的几何模式。法国的发展情况不同于意大利，正是不同的地质形态和更为广阔的空间给予了法式花园独一无二的特质——因缺乏天然斜坡和梯田，开阔空间的概念十分流行，成就了一望无垠的无限空间。早期的法式花园由雅克·勒迈西于 1630 年为黎塞留城堡而建，但其鼎盛时期则是从 17 世纪中期安德烈·勒诺特（（1613—1700 年）的作品开始的。他创造的结构充满了想象力与色彩，且极为复杂，无处不是匠心独运——每一个元素都对应一个建立在以少量、简单为原则的上层结构。宫殿是设计构图的几何中心，划定了从城市走向开阔空间的通道。从一个彻底服务于人类的自然世界（点缀着斑斓色彩的花坛有如一件件艺术品）到一个人工痕迹越来越少的形态的过渡，是一个循序渐进并且经过精心设计的变化过程。从视觉效果上看，可见一根纵轴以城堡为起点，向着愈加原始的自然世界延伸。

下图

18世纪晚期版画中的巴黎杜伊勒里宫，巴黎，法国

1667 年，安德烈·勒诺特着手改造花园，他曾与父亲（让·勒诺特，路易十三的园丁）一同负责这里的维护工作。1563 年，他在意大利文艺复兴式花园的设计基础上进行了深度的再创作，把这些花园排列成几何形状的静态组合。勒诺特设置了一条主纵轴（香榭丽舍街），作为城市向西扩张的方向标；在这条主轴上叠放着一个整齐有序的、由次轴线组成的错综复杂的视觉透视系统，圆形的喷泉和广场带来生动的节奏感，这些交叉线之间还形成各种各样的几何形空间。

上图

安德烈·勒诺特，沃子爵城堡殿与花园鸟瞰图，1656—1661年，法国

在勒诺特介入之前，这片区域几乎是荒芜之地——因此，建筑师有机会完全自由地、充满创意地改造一片大自然中的土地。有别了意式花园，他创造了一个彻底开放的系统，尽管是在一个总的几何框架下排列布局，但道路和视野都不受限制。除了宫殿之外，其他所有的元素（如平台和如镜的水面）呈水平向展开，丝毫不会影响到无尽延伸的原则。水起到一个至关重要的作用：它为人类所驯服，以喷泉和池塘的形式出现，水面的倒映营造出生机勃勃的氛围。

凡尔赛宫

凡尔赛宫集法式巴洛克之大成；路易十四下令修建了这片无边无际的建筑群，并将自己的寝宫、法国宫廷及其所有行政部门迁至此处。宫殿与花园的建造和装饰被认为是整个法国艺术界在路易·勒沃的领导下合力完成的作品。

在扩建路易十三的狩猎行宫时，勒沃保留了原有的建筑结构，正面朝向城市，在两侧增加了长长的翼楼；但在朝向花园的立面上，他创造了一番新面貌，我们今天看到的是经过他的继任者孟萨改造后的样子。例如，在正立面中间位置的上面两层，孟萨封闭了一个原本由勒沃设计的大露台。孟萨不断介入勒沃的设计，重新提出诸如砌琢石的高基底、朴实优雅的形态以及对称设计等法国古典主义原则。建筑正面由 25 根轴线组成，圆柱组合（一组在中间，两组在两边）的前凸和墙壁表面的后缩交替出现，为整个立面注入了灵气。

下图

路易·勒沃、J.H.孟萨，凡尔赛宫朝向公园一侧的立面，1664—1690年，凡尔赛，法国

孟萨还在勒沃设计的大楼两翼加建了长长的边楼，建筑朝向广袤花园的一面，长度增加了两倍。

上图

J.H.孟萨，镜廊，1678—1684年，凡尔赛，法国

孟萨封起了正立面上勒沃设计的醒目的大露台，将此处改造为一个朝向花园的装有17扇拱形窗的巨型长廊——按照统治者的意愿，建筑师用一条长廊连接起国王与王后的房间，并在此陈列他们丰富的艺术品收藏，不久，这里便成为一个具有代表性的房间。装饰和家具由首席宫廷画师夏尔·勒·布伦负责，他将这条陈列廊打造成了一件真正的法式巴洛克风格的珍品。原先的"大长廊"，因其室内装点着的无数闪耀的镜子而易名；银制的陈设品皆由当时最伟大的金银匠精心镌刻而成，帷幔上则是精美绝伦的金线刺绣。拱顶湿壁画上描绘的寓言故事和错视画，记述了路易十四统治时期最重要的历史片段。

上图

J.H.孟萨、罗伯特·德·柯特，大特里亚农宫花园一景，1687—1688年，凡尔赛花园，法国

坐落于华美花园中的大特里亚农宫是一座远离朝堂喧嚣的极致私密的宅邸，其美轮美奂的外立面由白色石料和珍贵的大理石铺就，因此也被称作"大理石特里亚农"。宫殿由多座建筑组成，其中每一座都只设一层，分列于左右两侧，中间通过一个开放式的柱廊连接起来——在这里，一对一对的粉色大理石圆柱支撑起一条直线形横檐梁，梁上架着一座平屋顶。这座低矮建筑在水平方向上的延伸十分契合巴洛克风格中的视觉透视理念，呈现出一个宽广无垠的空间。

上图

J.H.孟萨、罗伯特·德·柯特，巴拉蒂娜小教堂圣坛，1698—1710年，凡尔赛，法国

这座小教堂是位于宫殿北侧的附属建筑，仿照了中世纪皇家礼拜堂的式样，将空间设计成上、下两层——巨型壁柱支撑起的拱门勾画出供朝臣使用的下层中殿，而上层则属于君主专用。在这里，偌大的古典式圆柱环绕着一条与侧殿同宽的明亮的走廊，连接起小教堂与国王的住所。空间的通透感（开放式的拱门与拱廊）和光亮度（有无数的窗户）也令人联想起哥特式教堂的内部，尽管其形态更迎合当时的古典式潮流。精美的室内装饰很好地利用了浅色石材与天顶壁画中深蓝色和金色的碰撞。

下图

彼埃尔·帕特尔，凡尔赛宫，1668年，凡尔赛，法国

理想之城的中心是宫殿，而太阳王的寝宫是这座宫殿的心脏，整个布局都以此为中心向四周发展而成。安德烈·勒诺特（1661—1690年）设计的花园作为这个等级化的几何空间与道路结构中的一部分，也遵循同样的规则。实际上，城堡与周边自然环境的平衡度都经过细致的测量，宫殿始终位于透视视界的中心。大自然本身变成某种人造之物，似乎被人类之手所驯化，服务于君王；只有在大公园（离宫殿最远的区域）里，自然风光才显得自由不羁，但即便如此，所有这一切都是为了方便狩猎比赛而规划和准备的。

中欧

引发了残酷迫害并导致社会制度渐趋"德意志化"的三十年战争（1618—1648 年）结束后，天主教在中东欧国家中不懈地传播。

以波西米亚为例，天主教并非国教，在那里发展出了一个真正的"耶稣会"式的巴洛克风格。以罗马兄弟会要求的简洁朴素的形式为基础，意大利裔建筑师弗朗西斯科·卡拉蒂和法国裔建筑师让·巴蒂斯特·马泰的作品实现了一种优美雅致的表达方式。历经无数的战火破坏，17 世纪下半叶的布拉格城中，来自新贵族阶层的项目委托也越来越多，他们对私家花园豪宅的建造尤为热衷。通常由原籍意大利的建筑师负责其中的主要项目——1680 年，仅在布拉格一地就有 28 处之多，而德国建筑师接手的项目仅有七个。直到世纪末时，这种不平衡现象才有所减弱，特别是丁岑霍费尔兄弟的作品中生气勃勃的形态，影响了多瑙河畔的所有国家。耶稣会士也早早来到了波兰（1564 年），他们的传教活动获得了巨大的成功——不仅修建了教堂，还在这个国家的所有主要城市中盖起了学校。笃信天主教的波兰-立陶宛联合王国国王齐格蒙特三世·瓦萨为多座教堂的建造提供了财政上的支持。三十年战争开始前，德国的城邦正在经历一段如火如荼的兴建期，与（16 世纪欧洲

左图

卡洛·卢拉戈，圣依纳爵堂，1665—1668 年，布拉格，捷克

跟整个欧洲的习俗一样，这座耶稣会教堂依罗马维尼奥拉样式而建，形态简洁而大气。石膏饰工匠出身的卢拉戈用精致的石膏装饰装点朴素的外墙上层。下层与正立面的其他部分相比比例不均衡，中间点缀着一座石像。

右图

阿戈斯蒂诺·巴莱里，圣盖塔诺教堂，1664—1674 年，慕尼黑，德国

巴莱里（1627—1699 年）也许是活跃在慕尼黑地区的最主要的意大利建筑师，这座教堂的建造重新参考了他本人为波希米亚的兄弟会教堂圣巴尔托洛梅奥所做的设计，也酷似罗马的圣安德烈山谷大教堂。

的）宗教改革和天主教改革更是息息相关。

深刻的经济与社会危机的重创直到世纪末才开始好转——对民用建筑而言，17世纪几乎可以被视作漫长的停滞期，但对基督教建筑而言并非如此。一些修会的存在，在某种程度上保证了建筑作业的持续进行，他们从罗马开始，将宗教建筑推向整个中欧地区——这些作品往往是同一种样式机械化的重复，很少有质量上和原创设计上出类拔萃的成果出现。将近一个世纪，主导欧洲建筑界的建筑师都是意大利北部的二流角色，他们与熟练的手工艺人、石膏饰工匠和能力相当的画家并肩工作。这些作品中最有意思的元素实际上要数室内的装饰部分，还有根据当地或地区风格特征对罗马方面预先设定的正立面所做的改动。譬如，在奥地利和德国，常常可以看到正立面的两侧分别设有两座塔楼，顶端是典型的球形尖塔。这些建筑的贡献在于，它们对那个时代的艺术风格和原理的传播起到了根本性作用，也为巴洛克晚期建筑在18世纪的辉煌鼎盛埋下了伏笔。在传统基督教地区，如奥地利和德国南部，耶稣会的活动在16世纪末已经取得了令人瞩目的成绩，并且延续了至少百年之久，而新教传统的国家（如德国北部）基本上并没有受到这股风潮的影响。

从蒂罗尔（奥地利西部和意大利北部的山区）到波兰，流行修建有半圆

让·巴蒂斯特·马泰，特洛伊宫，1679—1696年，布拉格，捷克

马泰将意式别墅的翼楼造型与法国的楼阁结构相结合，设计了这座贵族夏宫。宫殿正面，一座雄伟的双坡道弧形楼梯格外醒目，上面装饰着饱含寓意的大型雕像。分割外立面的壁柱，也如巨人般高大，且造型十分简洁。尽管随处可见壁画装饰，但宅邸的特别之处不在室内，而在那夷平丘陵之地后建起的如诗如画的花园（第一座波西米亚巴洛克花园）。

拱大厅和礼拜堂的教堂，其灵感来自罗马式的耶稣会士教堂，在因斯布鲁克、萨尔斯堡、科布伦茨、慕尼黑、科隆、伯恩、克拉科夫和布拉格都能看到此类作品。在推动这股建筑潮流的主要设计师中，值得一提的是索拉里、卡内瓦莱和卢拉戈。而哈布斯堡的天主教首都维也纳，更是吸纳了无数的曾为17世纪罗马式巴洛克在奥地利的风靡做出贡献的意大利建筑师们。至于波西米亚（该地区大兴土木的时期开始得略晚，在1683年战败于土耳其人之后），主要的德国建筑师，如菲舍尔·冯·埃尔拉赫与鲁卡斯·冯·希尔德布兰特，在随后的几年直至1710年，开始逐步取代意大利设计师的地位。

莫斯科巴洛克

随着俄罗斯帝国的成立与彼得大帝时代的开启，富裕的沙皇家族下令兴建楼宇无数，尤其是奢华富丽的大教堂，这种风格最终成为17—18世纪莫斯科建筑的一大特点。丰富的装饰与新的欧洲艺术风格如出一辙，因此，那些年的建筑作品以"莫斯科巴洛克"或"纳雷什金巴洛克"著称，后者的名字源于当时的权贵家族。从这些建筑中可以看到设计者想要融合真正的俄罗斯传统元素与欧洲巴洛克元素的意愿，精工细作的石材装饰以及拜占庭遗风的洋葱形金色圆顶即是最好的证明。乌克兰和波兰的建筑师们沿袭了意大利文艺复兴风格的特征，建筑的外形是分外简洁的几何体，通常为中心对称平面，布局也不会太过错综复杂。一楼多设有一条开放的外部长廊，钟楼不再位于教堂的侧面，而是矗立于正立面之上，往往被置于中央八角形楼体的正上方，使建筑更显高耸入云。

在世纪末的这些年里，俄罗斯建筑经历了一个风格上的重大改革，见证了欧洲巴洛克元素与本国传统元素的融合，而在不久之后，它将与过去彻底地决裂。在圣彼得堡新城，所谓的"彼得式巴洛克"（仅在18世纪有所发展）其实与古老的拜占庭传统迥然相异，这座城市为欧洲建筑师，尤其是意大利建筑师们敞开了大门。

71页上图

谢尔盖·图尔洽尼诺夫，卡达什复兴教堂，1687—1713年，莫斯科，俄罗斯

五个深绿色的典型洋葱形大圆顶让这座教堂成为莫斯科巴洛克建筑中最受赞誉的名作之一。教堂由一个富裕的纺织业行会于1687年左右出资兴建，几年后增加了一个红砖砌成的尖顶钟楼。钟楼表面的轮廓线以及较小的建筑元素（如窗框和山墙、分割各楼层的栏杆）以白色石材勾勒。支撑起教堂圆顶的阶梯元素（鼓形柱）顶端的明缝条亦是以石料精雕细刻而成，将装饰的艺术推向极致。

左图

菲利代祷大教堂，1690—1693年，莫斯科，俄罗斯

教堂的设计者不得而知，但就像所有的莫斯科巴洛克建筑大师一样，他一定是本地建筑师。红砖砌筑的支撑结构与白石雕刻的装饰元素、圆柱和窗框，组合出典雅的色彩效果。在一个中心结构的四周围绕着几个较小的结构体，强调了建筑垂直向上的状态；而一层外的长廊沿着结构体的外缘而建，加长了基座的长度，使整栋建筑呈金字塔形。前方的双坡道楼梯通往上层的教堂入口和一个环绕教堂的露台（就在走廊的正上方），仪式就在这里举行。

下图

新圣女修道院，17世纪，莫斯科，俄罗斯

修道院建立于1524年，但只有斯摩棱斯克的圣母大教堂（在其右侧可见典型的洋葱形圆顶）的建造可以追溯到那个时代，所有其他建筑其实都是彼得大帝同父异母的姐姐在17世纪时加建的结果。

在设有多座炮塔的防御城墙的另一边，耸立着一座六层高（高达72米，于1690年竣工）的八角钟楼，其中第三层作教堂之用。左起第一座建筑有着五个金色的圆顶，顶上放着十字架，这是建于1888年的主显圣容教堂，其楼顶的四条边上排列着一双形如贝壳的三角楣饰。

英国

英国代表了 17 世纪欧洲大环境中的一个特例，因其独特的政治和社会情况，不允许像意大利或法国那样大肆宣扬绝对权力。在第一次国内战争与 1688 年光荣革命之后，君权神授的概念逐渐淡出，并为实现寡头统治留出更多的空间。此外，从文化和建筑上看，英国长期以来远离欧洲其他地区，直到那时几乎还完全处于自主发展的状态——意大利的文艺复兴之风来得很迟，至 17 世纪时才通过伊尼戈·琼斯（1573—1652 年）的作品进入英国。是伊尼戈·琼斯让帕拉迪奥大气、优雅的作品得以广泛传播，在很长一段时间里，英国的每一座建筑都应向帕拉迪奥致敬。1615 年，戏剧与舞台设计师琼斯受命主管皇室建设项目，他反对当代的巴洛克风格，渴望一种纯粹的形态，以和谐的比例关系和清晰的结构布局作为建筑美的基础。直到 1660 年，新教的英国才开始与欧洲邻国接触和交流，尤其是法国与荷兰，这为建筑领域带来了全面的创新。没有天主教教会的大订单，英国的建筑项目主要集中于私家住宅楼，大型宫殿的灵感来源于宏伟堂皇的法式宫殿，尤其是凡尔赛宫，而民居则多以同时代的荷兰建筑为参照。

此外，17 世纪初的荷兰建筑形成了一种形式颇为简约质朴的古典风格，以帕拉迪奥的对称感和宏伟大气为基础，并与伊尼戈·琼斯的作品和谐相融。海牙的莫瑞泰斯伯爵公馆（雅各布·凡·坎彭，1633 年）可谓此中的代

下图

伊萨克·德·考斯，双立方室，1653 年，威尔顿庄园，威尔特郡，英国

双立方室位于宫殿正立面的中心，是庄园里面积最大、最奢华的客厅，用来接待佩金带紫的贵客。大厅是一个宽、高分别为 9.1 米，长度是宽度的两倍的完美立方体，三边尺寸达 18.2 米×9.1 米×9.1 米。

双立方室的名字就来源于此，过去曾被认为是建筑师琼斯和韦伯的作品。整个房间布满了红色和金色的装饰物，与白色的墙面形成优雅的对比，松木质地的墙板上绘有水果和金叶花朵的图案。

厅内的画作出自卡洛一世家族的收藏，集合了不少凡·戴克的珍贵作品。

天顶壁画上展示了忒休斯主题的故事场景。

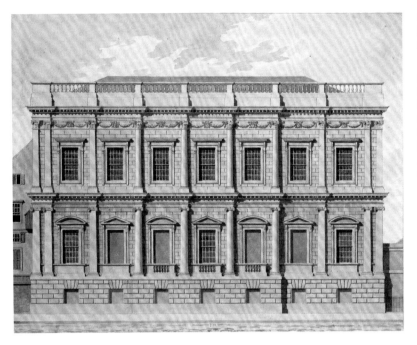

左图

托马斯·马尔通,白厅国宴厅,威斯敏斯特,约1790年,伦敦,英国

伊尼戈·琼斯在意大利游历期间有机会直接学习到意大利的建筑语言,我们从这个正立面(1619—1622年)的设计上就可以明显地读到:大气的格局(在一些受荷兰风格影响的英国建筑中也可以找到)源于他对帕拉迪奥式建筑的热爱,并通过更显雄伟的形式表现出来,庄严的双层古典风格建筑正面上,微微凸起的壁柱和圆柱安立于砌琢石筑就的墙基之上。

表之作,影响了整个17世纪的荷兰和英国建筑。

因此,17世纪的英国建筑属于古典风格,在形式上无法与同时代的罗马相提并论。

确切地说,是法国的巴洛克在很大程度上影响了这个在文化发展上一度脱离欧洲大陆的国家。卡洛二世·斯图亚特(1660—1685年)渐生出对巴黎风尚的某种兴味,对路易十四执政时期的作品更是欣赏有加,决意效仿巴黎荣军院的样式建造切尔西和格林威治的皇家医院,而他位于温彻斯特和温莎的行宫则竭力效仿华丽壮观的凡尔赛宫。卡洛二世是克里斯托弗·莱恩爵士(1632—1723年)的艺术资助者,后者是一位才智过人的解剖学家和天文学家,后成为皇家御用建筑师;而辉格党政治阶层的贵族宅邸则是由威廉·泰尔曼(1650—1719年)、约翰·范布勒(1664—1726年)和后来的尼古拉斯·霍克斯穆尔(1661— 1736年)负责建造的——这些作品见证了一个寡头政权势力的增长,如今的他们已经有能力建造不亚于国王的豪宅广厦了。

17世纪,在伦敦周边地区最常见的建筑类型当数乡村住宅,它们通常以荷兰建筑为样板,面积则明显小于那些宫阙——与居住在巴黎的府邸,然后去凡尔赛宫处理政务的法国贵族恰好相反,英国的贵族们其实并不十分重视他们在伦敦的住所。

克里斯托弗·莱恩与查茨沃思的教堂

1666 年的伦敦大火摧毁了 87 座教堂，圣保罗大教堂也难以幸免。1670 年起，莱恩被选为皇家项目组成员，负责城市重建工作，短短数年里，他设计了数量惊人（超过 50 座）的新教堂，通常规模较小。教堂主要采用矩形平面，就像一个简化版的巴西利卡大教堂，耳堂时有时无——作品丝毫不落俗套，因为设计者将这些项目视为艺术试验的良机，不时创造出非常有趣的方案，巴洛克风格所注重的空间和谐与动感原则在此达到了极高的水准。但在形态方面，英国建筑没有追随 17 世纪的罗马风格，仍然忠实于由伊尼戈·琼斯引入英国的帕拉迪奥式古典美学。不过，莱恩特别设计的几座教堂属于特殊情况，他把钟楼和塔尖转变成创造性的元素，无论是从形态角度还是城市规划上看都饶有趣味。在他为伦敦所做的城市规划（未能落地）中，空间安排参考了罗马或巴黎的方案，广场和辐射型道路围绕在一个中心区域的四周（譬如交易所广场），次要的街道以宗教建筑为焦点，莱恩的尖塔除了起到美化市容的作用，还能作为城市坐标，因而这些新的透视交点都具有相当的辨识度，很容易一眼望见。

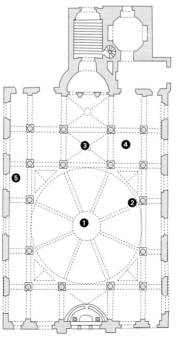

沃尔布鲁克圣斯蒂法诺教堂版画及平面图，1672—1677 年，伦敦，英国

教堂的平面图貌似极为简单，但其结构线条其实是中心对称与矩形平面复合而成的结果。在一个较小的矩形布局内出人意料地竖立起一个尺寸夸张的大圆顶（1）——虽是在一座巴西利卡式平面的建筑中，却有一种身处空间中心的感觉。穹顶下方有 12 根细圆柱（2），围成一个正方形，同时还支撑起一系列的拱券结构。除了将这些圆柱连接成正八边形（支撑起圆顶）的八道拱门（3），在各个角落上还利用小拱券（4）将八边形与正方形接合起来，形成一个三角形平面。

杰出作品
伦敦圣保罗大教堂

作为 16 世纪基督教分裂后建造的英国第一座新教教堂，圣保罗大教堂凝结了缔造一个能够正式代表英国圣公会形象的建筑风格的意愿——线条和外形明显受到圣彼得大教堂的影响，同时又表达了誓与罗马一较高下的强烈渴望，这种较量首先体现在建筑巨大的规模上，其圆顶的大小仅次于梵蒂冈大教堂，即便是从形式上看，在英国也是史无前例的作品。最终建成的部分不足原来莱恩所做的诺曼底古教堂重

建项目的 1/3——后者在 1666 年的大火中被烧毁，也正是这位天才建筑–科学家折中处理国王卡洛二世与教会双方不同要求的结果。

莱恩对几何的热情犹如他对自然的挚爱，这座雄伟的作品所拥有的朴实优雅的形态、和谐的比例与对称感，毫无疑问是源于文艺复兴的影响。

左图

克里斯托弗·莱恩，圣保罗大教堂，1675—1710年，伦敦，英国

就整体而言，教堂的正立面无疑有古典主义的一面，但同时也体现了一些能够被定义为巴洛克风格的元素——例如，我们可以看到灯塔设计中的奇特之处，中央结构体上圆柱成对排布的样式明显来自法国；下层的窗户如同一个个壁龛，由此产生的透视错觉效果正是典型的波洛米尼式窗框的做法。

除了这些细节之外，我们注意到，17世纪罗马建筑立面所特有的张力和动力在这里完全没有出现。且看同样一个大圆顶，尽管高度惊人，却无法实现直冲云霄的效果，而是在典型的文艺复兴式的平衡状态中保持静态之姿。

格林威治皇家医院

在英国，医院建筑的设计方式体现了一种强烈的爱国主义精神。

由卡洛二世授意、莱恩设计的切尔西和格林威治医院皆为部队医院，分别为陆军和海军服务。皇家海军医院的结构设计显然参照了莱恩早期最重要的项目之一——切尔西医院的模式，但前者在规模上更胜一筹。

这是一个独特的建筑群——雄伟的外形与形态清晰地勾勒出一道伦敦独有的城市风景线，短短几年后建成的圣保罗大教堂的穹顶与塔楼也同样如此。

上图

克里斯托弗·莱恩，皇家海军医院彩绘厅内部，1696—1704年，格林威治，英国

莱恩为退役的海军士兵设计了这座巨大的彩绘大厅（也以此命名）作为格林威治皇家海军医院的餐厅。大厅的装饰由杰姆斯·桑希尔（1708—1727年）完成，他创作了多幅逼真的错视图以及一幅偌大的椭圆形天顶画。该大厅所在的建筑内还有一个圆屋顶前厅和另一个位于上层的大厅，这三个空间之间以不同层次的巨拱互相连接。

下图

克里斯托弗·莱恩，皇家海军医院，1696—1704年，格林威治，英国

这条壮观的风景轴线以泰晤士河河岸为起点，穿越整个皇家海军医院建筑群，最后以伊尼戈·琼斯的皇后屋收尾。莱恩将建筑呈镜面式排布在纵向轴线的两侧，呈现出舞台般的效果，同时保持了布局上的统一，双圆柱组成的长长的柱廊与两座高耸的圆顶为身后的空间增添了一份庄重感。

查茨沃思

由查茨沃思第一任公爵委托建造的这座华美的庄园地理位置十分优越，面朝德文特河，身后依偎着起伏的丘陵。别墅建造在一片高低不平的土地上，这也是为什么在各个外立面上看到的楼层数量会有所不同。西立面和北立面或许是托马斯·阿彻尔的设计，比塔尔曼的作品略晚，但两者在风格上趋于统一：建筑中间由圆柱支撑起的巨大的山墙三角面突出了构图的对称感。这座公园被认为是英国第一座大型巴洛克公园，园内有斜坡、建筑小品、雕塑、喷泉和人工湖。

上图
托马斯·阿彻尔，查茨沃思庄园西立面，1700—1703年，德比郡，英国

下图
威廉·塔尔曼，查茨沃思庄园南立面，1687—1696年，德比郡，英国

西班牙

菲利普二世（1556—1598年）在位期间，西班牙进入鼎盛时期，也正是在那些年里出现了像马德里埃斯科里亚尔修道院这样的杰作。16世纪末，在菲利普三世（1598—1621年）和菲利普四世（1621—1665年）执政之前，一场严重的危机削弱了帝国实力：除了三十年战争以及全面的经济萧条，该时期更是民怨沸腾，叛乱四起，政治腐败频现。是故无法为建筑的发展与繁荣提供条件，尤其是对于一种为赞颂绝对权力而生的建筑风格而言。巴洛克风格的发展趋势主要是作为一种表面装饰，有时甚至将修辞作用发挥到极致，在使人民惊异不已的同时以另一个世界的存在哄骗他们，把他们从每天面对的困境中解脱出来。西班牙对装饰的热情由来已久，可以追溯到15、16世纪的建筑传统中，彼时的银匠式风格取代了典型的库尔式和哥特式装饰。17世纪下半叶，一种更为怪诞、夸张的装饰潮流——丘里格拉风格开始流行，这个名字源起于以雕塑和建筑闻名的丘里格拉家族，他们主要活跃在萨拉曼卡地区。不过，丘里格拉风格的发展要到18世纪时，尤其是在南美的殖民地到达顶峰，在那里，巴洛克艺术的修辞作用得到了最淋漓尽致的发挥——它们代表着一种无声、通俗的语言，对当地人民而言十分浅显易懂。

左图
圣玛利亚守护修道院正面，1667年，赫雷斯-德拉弗龙特拉，卡迪斯，西班牙

正立面就像一个石质的祭坛屏风饰，由三种元素按照一个有序的几何模式重叠构成，表面的壁龛内放有雕像。

三层金字塔形的布局凸显了构图上的中心轴。第一层上可以看到爱奥尼克式的双圆柱，立于饰有花叶和盾牌的基座之上，两对圆柱之间的框架内有两座上、下层叠的雕像；第二层的形式与第一层相似，但曲线形的柱顶檐梁被打断了，似乎是要为第三层的元素留出空间，正中间恰是一座雕塑。整个立面上充满了浮夸的甚至无序的装饰，第二层的顶饰上挤满了大量的装饰花瓶。

右图
阿隆索·卡诺，格拉纳达大教堂西立面，1664—1667年，格拉纳达，西班牙

这座建筑仍然保留着16世纪的文艺复兴风格传承，但其线条形状体现了某些早期西班牙式巴洛克风格的特点。身为画家、雕塑家和建筑师的卡诺以完全创新的方式处理立面，就像在制作一件雕塑作品。贯通两层的三道巨大的拱门给人以强烈的立体感，两道楹柱将拱门分为上、下两层，下层齐平，上层则高低错落。这般外凸、内缩交替出现的平面处理手法几乎与壁龛无异，形成非常明显的阴影，也因此产生了一种戏剧性的效果。

上图

迭戈·马丁内兹·彭塞·德·乌拉那，无家可归者圣母大教堂皇家礼拜堂，1652—1667年，巴伦西亚，西班牙

与入口（平面图中的1）相对的纵轴尽头有一个小房间（平面图中的5），即圣坛上方施行圣礼的地方。其内部装饰简单质朴，几乎让空间承担了所有的沟通功能。不过，整个平面的布局组合方式，或者说不同空间元素之间的相互联系，使得各个空间不再拥有作为单体的自主性，而是共同合成一个唯一的中央有机空间，这完全是巴洛克的理念。

右图

迭戈·马丁内兹·彭塞·德·乌拉那，无家可归者圣母大教堂平面图，1652—1667年，巴伦西亚，西班牙

中心对称的教堂由一个内切于正方形的椭圆形组成，并且沿着一条与正立面垂直的纵轴发展。

平面布局体现了完全的对称性：除主入口（1）外，正方形另外三条边的墙上均开有另外两个入口（2），通过卵形内墙上宽阔的间隙（3）可以直接进入中央空间。这些间隙亦是对称排布，一如位于横轴两端的两座小礼拜堂（4）。

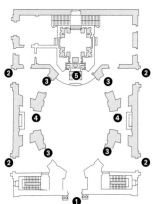

上图

皮拉尔圣母大教堂，1671—1754年，萨拉戈萨，西班牙

在一枚雪花石膏圆柱周围建起的这片朝圣之地上似乎曾迎来圣母的现身。最初，皇家建筑师小弗朗西斯科·德·赫雷拉设计了一座巴洛克风格的建筑，后由菲利普·桑切兹继续接手。这座巨型建筑或许是巴洛克时代西班牙最大的庙宇之一。一座大圆顶、一系列小圆顶以及顶角上的四座塔楼的组合是作品的一大特点，但塔楼的加建要归于18世纪时文图拉·洛迪古斯的贡献。

下图

皮拉尔圣母大教堂屋顶细部，1681—1754年，萨拉戈萨，西班牙

修建于18世纪的11个圆屋顶上覆盖着彩色瓦片拼贴而成的几何图案。

81页上图

胡安·戈麦斯·德·摩尔、佩德罗·马托斯，耶稣会士大教堂正面，1617年，萨拉曼卡，西班牙

对称构图的正立面形状简单无华，16世纪西班牙建筑的朴素之气余韵犹存。

各种元素的布局严格按照垂直线（圆柱）与水平线（层拱）的几何模式，犹如一张划分立面表层的网，窗户就开在网格之中。

但在这样的线性几何模式上却叠合了丰富的装饰元素，对西班牙的文艺复兴风格而言实属罕见，可以看出向巴洛克风格的过渡。

下图

胡安·戈麦斯·德·摩尔，马约尔广场，1617—1619年，马德里，西班牙

这是一座西班牙举国上下独一无二的广场，因此无法作为西班牙17世纪巴洛克风格的代表作品，仅仅是城市规划中的一次初步尝试，此后亦无人跟随。整体的空间规划效法了巴黎早期的封闭式皇家广场模式，适用于大众节庆典礼：立面整齐划一的住宅楼划定出矩形广场的四周边界，所有的建筑都有三层，外加底层一条连续的柱廊。

两条长边中点上面对面的两栋楼和九扇入口大门为这些连绵不断的直线形立面带来了动感与活力。北边和南边的两座塔楼分别是面包房和肉铺。广场中央矗立着菲利普三世的骑马像。

葡萄牙

　　巴洛克风格在葡萄牙的表现波澜不惊，究其原因主要与宗教问题有关——16 世纪的新教改革实未取得重大成就，因此，天主教各个修会也就无须特意加大力度去宣传、推广自己的作品。1640 年，当葡萄牙摆脱了西班牙统治，重获独立时，建筑艺术没有朝着新巴洛克风格的方向发展，而是走出了一条完全民族化的道路，似乎想要留住本国的身份特质。那些年里完成的建筑倾向于使用简洁、朴素的形状，令人联想起军事或修道院之类的建筑，这种 17 世纪的葡萄牙样式主义常与 16 世纪的西班牙风格相提并论，后者也同样罕有装饰。宗教建筑往往是简约的巴西利卡式大殿，正立面上有两座钟楼，兼具功能性与实用性，外观与内饰都显得朴实无华；这是一种在古典比例与几何模式的基础上构建起的建筑。此外，简洁的结构有利于此类建筑模式在整个葡萄牙帝国的复制和应用。直到 17 世纪末，巴洛克风格才开始传入葡萄牙，这或许要归功于加里尼为里斯本设计的教堂——但要接受意大利和德国巴洛克艺术中空间与形式的创新并非易事，此种类型的尝试实数特例。葡萄牙与西班牙一样，最优秀的作品不是诞生在国内，而是出现在 18 世纪时的巴西殖民地上。

82页右图

巴尔塔萨·阿瓦雷斯，格里洛圣母堂（圣洛伦佐教堂与修道院），1622年，波尔图，葡萄牙

这座灰石砌筑的雄伟建筑体现了典型的葡萄牙民族建筑风格特点——起源于样式主义，一直留存至17世纪末，这种风格以造型简洁、毫无雕饰著称。教堂奇怪的名字出自奥斯定会赤脚僧的绰号，他们在18世纪时获得了原属于耶稣会士的财产。

上图

弗兰德伊拉侯爵宫外景及花园，1640年，本菲卡，里斯本，葡萄牙

经历了漫长的危机时期，直至1640年，国家经济开始复苏，贵族阶级开始着手兴建华美的府邸。从一座简单的狩猎行宫起步，弗兰德伊拉的第一任侯爵修建起这片巨大的建筑群，其中包括一座宫殿以及一片宽广无垠的花园（5.5万平方米）。尽管参考了16世纪意式花园别墅的模式，但这件作品中构成道路与景致的元素之间充满想象力的组合形式体现了巴洛克的韵味。

自然环境已融于建筑之中——篱笆被修剪成不同的造型，代表不同的季节，喷泉和池塘不计其数，更不乏气派的大台阶和岩洞。最引人入胜的当然还是建筑表面五彩缤纷的瓷砖和贝壳装饰。

从巴洛克到洛可可

　　18 世纪的建筑界开始应对同存共处的问题，在同一时期，不同的风格潮流出现在各式各样的建筑类型中。17 世纪末，巴洛克语言在其发源地意大利的发展完全进入成熟阶段。随后顺理成章地推广到整个欧洲，因地域或建筑师才华的不同而有所差异。绝对统治与教会霸权时代浮华的庆典式美学逐渐让位于经历政治、社会巨变的新纪元的步伐。1715 年结束的路易十四王朝在很长一段时间里都是所有欧洲统治者最重要的参考模式，他们将凡尔赛宫视为无法超越的极权表现形式，而它最终转化为一种雅致卓绝的美学与建筑典范，这种集威严与华贵为一体的样式成为后巴洛克风格设计师屡屡重温和奉若经典的对象。

　　建筑师与艺术家创造了一种以壮丽、华美为基础的风格法则，强调和宣扬君主荣耀以及君权神授等典型的专制主义价值，这就形成了晚期巴洛克风格——17 世纪的欧洲美学与建筑语言在 18 世纪上半叶多方位演化、发展的成果。

　　综合性是晚期巴洛克艺术的构成原理之一，是一种形式、风格特征与美学品质的合成。集多种传统于一身的理念不仅直击各种艺术之间的关系，也聚焦不同风格的结合。建筑应当有能力优化并超越既有的模型，包括不可或缺的灵感源泉——罗马式建筑，还有以凡尔赛宫为代表的法式风格。

下图
菲舍尔·冯·埃尔拉赫，圣卡尔教堂
圆顶，1715—1737年，维也纳，奥地利

不同的政治、社会现实与各个国家的艺术传统引发了欧洲建筑千变万化的展现形式与风格倾向。在意大利，罗马式巴洛克的年代渐行渐远，都灵和那不勒斯等中心城市重新解读这种语言，取得了令人欣喜的创造性成果。洛可可风格也在世纪初的法国蓬勃发展，在晚期巴洛克风格中萌芽、开花，但不久便呈现出完全独特的内涵——摆脱了对华美、壮丽之感的执着，转而追求幻想、优雅、精致与闲适。如今的新时代需要自由、开放、悠闲和娱乐。甜蜜生活的意境取代恢宏大气的手笔成为一种新的风尚，奢华的巴洛克风格被优雅享乐式的洛可可取而代之。尤其是在室内装修方面，选用珍贵的材料、柔和淡雅的色彩、镜面装饰、异国风情的瓷器、石膏饰和稀有木材精雕细刻的名家之作蔚成风气。宫殿建筑的内部发生了变化，分解成不计其数的客厅和闺房，私密的闺阁替代了 17 世纪过度宽敞、豪奢的大厅。贵族阶层日常习惯和娱乐方式的改变直接作用于建筑，空间缩小了，但对独到新颖和雅致讲究的要求则更甚一筹。新的潮流很快影响到其他国家，充满想象力的元素促进并激发了整个欧洲，特别是中欧地区建筑师们的创作自由。权力的上升与巩固，如哈布斯堡家族的奥地利对土耳其的胜利以及腓特烈二世统治下的普鲁士，成就了大量公共与私人建设，改变了无数中东欧城市的面貌。简而言之，18 世纪的晚期巴洛克建筑展现出充满想象力的优美雅致，室内面积有限但通透敞亮，且十分关注细节与摆设，已然脱离了 17 世纪的罗马式风格。

巴洛克建筑，特别是晚期的变化，倾向于冲破古典主义的壁垒和条条框框。建筑从基于比例和几何规范的理性及平衡特质出发，走上了一条完全原创，且更为自由的道路，同时又不乏节庆感、装饰性、想象力和代入感。建筑与装饰的浑然一体是洛可可风格的典型特征，标志着巴洛克式的表达方式朝着独立与自由的方向发展，直至 17 世纪方为人们所理解。

下图

弗兰索瓦·德·屈维利埃，阿马林堡宫外景，宁芬堡公园，1734—1739 年，慕尼黑，德国

这座宫殿体现了源于法国的洛可可风格对德国的影响。实际上，它是一座缩小版的特里亚农宫，有一个名为"镜厅"的圆形主厅，以及两侧开有巨大窗户的边楼。阿马林堡宫是位于宁芬堡公园内的小型狩猎行宫，也是巴伐利亚国王的夏宫。

左图

尼古劳斯·帕佳西，美泉宫大长廊，1744年起，维也纳，奥地利

玛利亚·特蕾莎·哈布斯堡皇后下令扩建毗邻维也纳的城堡，大长廊就位于这座宫殿内，其样式参考了凡尔赛宫的镜廊。除了朝向花园的立面、小教堂和皇家剧院，建筑师帕佳西还重做了室内设计，用金色的石膏饰装点白色的墙面。拱顶的湿壁画系格里高利·古列尔米之作，描绘了战争、艺术、科学与奥地利各省的寓意画（1760年）。

晚期巴洛克风格之华美绚丽常常被认为过分夸张，但实则显示出一股超凡的力量，能够冲破陈规旧俗，摆脱古典模式这一僵化的、无法超越的完美巅峰。建筑师获得了释放，不单是凭借技术知识（他们通常是工程和数学计算方面的专家），也为巴洛克的怪诞出奇在客户中激起的热情所感染，他们争相大胆角逐，以出人意表、制造惊喜为荣——古怪与气派、奢华与权力合为一体。建筑已然超越自我，突破了自身的空间限定，并在绘画与造型艺术的辅助下打破错视变幻中的物理限制。自此涌现出一大批在结构方面大胆尝试的作品，"可为"与"不可为"之间的界限似乎从此消逝。教堂穹顶和贵族宫殿宽阔的天顶上所呈现的幻象令人晕眩——新颖独特的透视手法实现了无与伦比的表现力和共情力。幻视建筑不仅仅起到装饰的作用——原本有限的空间得以放大，过度低矮或沉重的穹顶变得轻盈，多重效果进一步叠加——在预设的距离上，真实的建筑与绘制或雕刻而成的建筑不再轻易可辨。成熟时期的巴洛克风格戏剧化的特质得到了淋漓尽致的施展。

宗教建筑

晚期巴洛克风格宗教建筑最重要的作品出现在中欧地区，宗教改革运动与天主教改革的冲突在此更为激烈。建筑在广大地区被赋予传教者这一新角色：感召灵魂，并在一个信仰奥义遭遇挑战的世纪之交吸引更多智者。欧洲的天主教教义在各地广布雄伟壮观的"寺庙宫殿"和规模宏大的修道院，如德国多瑙河上的梅尔克修道院（1702—1738年）和奥托博伊伦大修道院（1748—1766年），还有如苏佩尔加大教堂（1715年）一般的还愿教堂，成为风景画中的"透视交点"。由国王、君主、主教和修道院院长委托建造的宗教建筑，与卡塞塔、斯都比尼基、乌兹堡和维也纳的皇宫如出一辙。宗教建筑进一步激化巴洛克风格开创的空间复杂性，为建筑表面增添轻盈灵动之气，仿佛带着前所未有的乐享心情翱翔于

多米尼克斯·齐默尔曼，维斯教堂内部，1743年起，德国

建筑师选择将教堂的椭圆形平面建立在罕见的四角形双柱之上，并深深地嵌入唱诗台，以达到增强透视效果的目的。

丰富的贝壳状石膏饰消融了建筑的结构，白色与金色的石膏饰成为巴伐利亚宗教建筑的精华所在，造就了一个不可分割的整体。

空中。

波洛米尼首创的波浪形墙面以及交替出现的凹、凸面，譬如加里诺·加里尼建筑中的张合变化，在18世纪时成为真正的绝技，能够流畅地组合出充满活力与能量的立体造型。晚期巴洛克力求将矩形平面与中心对称平面融而为一，通过灵活、开放的空间及形式融合，创造出"中心对称的矩形平面"教堂和"拉长的中心对称平面"教堂。一方面，建筑师们对中心对称平面深深着迷，另一方面，纵轴又是大型传教教堂和圣殿项目的必要组成部分。

首先是加里尼，其跳动、渗透式的空间有机体组合艺术，堪称欧洲建筑大师的典范。约翰·丁岑霍费尔设计的德国本兹本笃会教堂（1710—1713年）或巴尔塔扎·诺伊曼的维尔茨堡主教宫（1743年起）无不是和谐、严谨与智慧的结晶，可以与巴赫的德国当代对位音乐作品相比拟。宗教建筑建造中的根本性元素——光，是源于意大利的典型巴洛克式连续空间的缔造者与结合者。例如，在菲利波·尤瓦拉为韦纳里亚皇宫建造的圣图贝托小教堂里，作者用光营造出一种与当时剧院相似的非宗教式的幽雅氛围；贝尔纳多·维多内设计的布拉圣基娅拉教堂中，拱顶、圆顶，甚至穹隅都被打通，制造出一种几乎骨架般的效果，使光线能够充分射入。

18世纪的天主教教堂偏好中央圆顶的大空间和光线渗透的空间单元，与典型的新教教堂十分相似。且看乔治·巴哈尔修建的德累斯顿圣母教堂

（1726 年），那是一个通透的中心对称平面结构，其主要空间四周环绕着一整套"阳光房"系统。在典型的波洛米尼式的凸立面后方，室内空间以一系列有序切分的椭圆形嵌套空间作为装饰——立体式拱门，或者说三维曲线的应用，放大了空间的视觉效果。建筑与装饰因此成为不可分割的整体，在德国南部地区尤是如此。在这里，大部分洛可可风格的建筑师皆是手工艺巨匠，如韦索布伦学派的巴伐利亚石膏匠人、阿萨姆兄弟（慕尼黑纳波姆克圣约翰教堂）以及多米尼克斯·齐默尔曼（施坦豪森朝圣教堂，1727 年；维斯教堂，1744—1754 年）。教堂内部，描金的纯白石膏饰在侧光的照射下不断发生变化，是一件真正的"整体艺术作品"，四溢的光线，白色、金色、玫瑰色与浅蓝色的完美运用，使建筑中不同的艺术形式臻于和谐统一。

同样的勃勃生机再度出现在欧洲南部地区。西班牙和葡萄牙继承了阿拉伯艺术与银匠式传统，从被釉面彩砖消融的墙面、立体刺绣的流行，到夸张的戏剧化效果，无不体现出两者对建筑表面价值的充分利用，例如托雷多大教堂中纳西索·托梅设计完成的"透明祭坛"。在西西里岛的诺托、拉古萨和莫迪卡小镇，变幻的建筑正立面及其中间以大量壁柱和半圆柱连接而成的高耸的凸面建筑体，体现了钟楼式立面中形式与功能的完美结合。

城市空间：广场与大型公共建筑

对称性、中心性和轴向性指引下的晚期巴洛克建筑对统治阶级而言能够彰显说服力和控制力。这些特征重新出现在新的城市规划和道路设计中——从罗马到布拉格，从巴黎到都灵，及至圣彼得堡，合理布局的空间成为城市构想的焦点。在晚期巴洛克风格的城市规划中，城市广场的建设担起了一个独特且富有象征意义的角色。作为城市核心与集体生活焦点的关键元素，广

场在 17 世纪的法国享有盛名，也就是我们所说的"皇家广场"。有别于意大利的传统，围绕在皇家广场四周的并非公共建筑，而是资产阶级建造的私人住宅，而且外观统一。

纵观 18 世纪，这些中央立有统治者塑像的美丽广场（如巴黎的赴日广场，1604—1612 年）成为一种范例，风靡欧洲各大城市，几乎总是建在中心区域或位于皇家住宅区附近。作为主要地标，这里还会举办大型庆典和游行活动。它们超越了向君主致敬的意义，引申出一种更为复杂的设计，城市规划已经与政治思想结合在了一起。同样地，皇家广场的建设往往不仅是出于歌功颂德的目的——比如国王骑马像，而且为了提振经济发展与城市效率。广场可以进行局部处理及功能调整，变作城市的商业和管理重心。不少首都城市的古城区需要扩建或重建——统治者将代表新规划支点的广场的建设仍然牢牢抓在手中。从风格上看，恢宏大气的古典主义常常以秀丽雅致的洛可可作为点缀。在 17 世纪法国样式的基础上，欧洲各地纷纷兴起宏伟空间的营建，例如哥本哈根的阿马林堡八角形空间。自 1749 年起，腓特烈五世利用建筑师尼古拉·艾格特维德的作品，完成了整个 18 世纪最成功的城市规划项目，同时兼顾了绝对君主政体的中央集权主义以及洛可可风格的欢愉气氛。哥本哈根古城中心的北部建有一座真正的皇家广场，四栋大楼沿着八角形的边缘呈斜对角分布，这里成了整片市容改造区域（腓特烈堡区）的中心，广场短轴一端矗立着的圆顶大教堂更是一处重要地标。南锡的斯坦尼斯拉斯广场（原皇家广场，1751—1755 年）系最重要的广场之一，其名取自

下图

贸易广场，1758年起，里斯本，葡萄牙

18 世纪中期的里斯本是欧洲面积最大、人口最多的城市之一。1755 年，一场地震以及紧随其后的一场大规模海啸摧毁了城市中的大部分区域。首相蓬巴尔侯爵决定按照现代城市规划重建城市。他要在里贝拉皇宫的废墟上开辟一座大广场——塔茱河附近靠近港口的贸易广场至今仍是欧洲最大的广场之一。这座正方形广场的四周矗立着外观统一的公共建筑，服务于贸易与港口相关产业，整个一层由一条柱廊构成。葡萄牙建筑师儿嘉·多斯·桑忆斯完成了这座广场的理性设计，他创作了一片开阔的"U"形广场，开口处通往河岸，两个端点处各设一座塔楼。

实际上，最后建成的广场与原设计略有不同，在广场中央立有国王约瑟夫一世的青铜骑马像，出自当时最知名的雕塑家若阿金·马沙杜·德·卡斯特罗之手。

波兰国王坦尼斯瓦夫·莱什琴斯基，1737年，成为洛林公爵的他想将这座广场敬献给路易十五。建筑师埃马纽埃尔·埃雷沿着广场四周设计了一系列优雅的贵族宅邸，留出一边作为通向公园的风景入口。雅克·昂日·卡布里耶也在波尔多建造了一座大型广场（交易所广场，1749年竣工），北侧是宏伟的交易所大楼，中央醒目地矗立着一座路易十四的骑马雕像。雅致、古典的线条让整座广场成为18世纪巴洛克晚期风格最具代表性的场所之一。不断增加的大、小城市体现了18世纪文化中细腻的都市化倾向，城市化进程同时也改变了欧洲的景致——城市形态、规划方案和建筑语言是如此高效且富有感染力的宣传媒介，政治构想与社会改革的愿景都被投射到城市形象的竖立当中。

18世纪，在整个欧洲的各大首都城市中，皇宫逐渐转变成多职能部门的指挥中心，这就需要为秘书处、办公室、档案室、图书馆、艺术收藏、剧院等寻找全新的符合要求的建筑方案，如今这些组织机构的受众面比从前更为广泛。新的建筑类型的诞生是与文化气候和新的精神状态息息相关的社会产物——道路、广场、公共与私人建筑、喷泉、创新的装饰品以及花园的设计方案纷至沓来，人们竞相献计以实现更具长远意义的城市规划。从17世纪末开始，许多发源于中世纪，在修会管理下以照顾穷困者和病患者为传统的慈善机构转由国家行政机构负责，后者改变了机构的组织架构与职能。于是，"好的政府"以及随之而来的对所有民生部门的集中管理催生出一种规模与功能相悖的新建筑——医院。18世纪20年代中

期，建筑师菲利普·拉古奇尼在罗马建起了名为圣加利卡诺的新医院。尽管保留了古罗马医院建筑中病房相互连接的传统，但他创造性地提出了新的功能与卫生解决方案，从此出现了一种新的公共医疗救护理念。1742年，费尔迪南多·福加受命负责首都第一家医院——萨西亚圣灵医院的扩建工作。除了临街一侧巨大的正立面，建筑内部由一个按功能和容纳量划分的大小不同的空间系统组成，譬如象征现代医学的八边形结构新解剖室，也像监狱系统一样，逐步从单纯的被动接受"不幸者"转变为寻求"医治"方法。在法国诞生了与医疗管理相关的新公共职能，负责收容穷人和患病的贫民，以期减少城市中大量存在的乞丐和流浪汉。在道德动机的背后，其实掩藏着缩小城中不断增加的社会边缘阶层的意愿。因此，公元9世纪时落成的巴黎主宫医院开始扩建，以接纳成百上千的贫困者；1741年，里昂主宫医院的重建和扩建工程交由雅克-日尔曼·苏富罗（1713—1780年）负责。

　　新的城市规划以及欧洲进步主义政府对现代高效组织架构的要求，在18世纪中叶左右也影响了那不勒斯王国，1748年，建筑师福加设计建造了规模宏大的波旁济贫院。他使用一种源于16世纪的严谨建筑语言，以中央教堂为核心向外辐射状布局，凸显了他对大型建筑的体量、路径及功能区块设计的透视控制。济贫院理想化的集中式规模设计虽未能全部实现，但此后意大利各地纷纷为贫穷的流浪者建造这般壮观的强制庇护所（从17世纪的热那亚到罗马的圣米歇尔济贫院，再发展到帕勒莫、威尼斯、摩德纳和都灵等地）。

上图

费尔迪南多·福加，波旁济贫院，1748年始建，那不勒斯，意大利

　　福加设计了一座规模浩大的建筑，能够容纳约8000名贫困者和行乞者，这些人如若无处收容常常会沦为罪犯。除了一座有六个中殿的巨型教堂外，济贫院内还有上千个房间和五座大庭院。整幅恢宏巨制只有一部分最终得以建成，临街而设的正立面足有600米长，已经超过卡塞塔宫的立面宽幅。立面构图体现了古典主义的和谐庄重，五层高的大楼前，一座双重坡道的巨大台阶标示出建筑的主入口。

家庭空间：对舒适的追求

18 世纪，资产阶级地位的攀升使富裕阶层的居住空间发生了深刻的变化，虽有财富的增加以及由此带来的生活方式上的贵族化，但其自身的价值观与日常习惯仍更贴近一种较为适度的生活方式。这种新趋势的引领者首先在法国出现——1715 年太阳王驾崩后，贵族们放弃了凡尔赛宫，重新回归巴黎，为此他们或更新改造自己的府邸，或按照新的建筑潮流进行重建——尺寸明显缩减的空间和一排排精致的小房间取代了 17 世纪豪华阔气的厅堂。实用性和优雅的精致感成为主流——美，可以与小物件和实用之物完美结合，却不失优雅考究与珍贵价值。闺房、私人小会客室开始流行，贵妇们在那里接待最亲密的亲友。大小适中的空间尤其受欢迎，除了便于在冬季调节温度，也为进行更私密的对话提供了有利条件。

在巴黎这座如今全欧洲的时尚之都，公馆的兴建日益增加，这些城中的优美私宅，在其高雅、质朴的古典式外立面之后，掩藏着异常考究的室内环境。通过一个靠近马厩或厨房等功能性区域的入口庭院后，便进入到真正的住宅，房屋通常有两层，这样不易让外人窥见。房子后面一般设有一座精美的私人花园。不同的公馆会造就不同的时尚街区，例如玛莱区，特别是在 17 世纪皇家广场（后来的"孚日广场"）附近的区域，又或是圣奥诺雷郊区街。

在这些宅邸作品中，尤其值得一提的是马提翁宫（1722—1725 年）、阿姆洛德古尔府邸以及苏比斯府邸（1704—1709 年），它们被誉为巴黎最美的洛可可建筑。

18 世纪，建筑和室内装饰也受到社会变革的深刻影响，如资产阶级的快速崛起、教会与贵族权力的削弱以及启蒙主义和科学思想的传播。因此，对

下图
雅克-日尔曼·苏富罗，主宫医院，1741 年起，里昂，法国

苏富罗沿罗丹诺街矗立起一座外形壮观的古典风格白色方石建筑，大门处的装饰十分丰富。优雅的穹顶落成于 18 世纪下半叶，改善了下方几个相连大厅的通风敞罩。后来，苏富罗的学生继续完成里昂主宫医院项目，它成为全城最大的建筑物之一，吸纳和照料着因常年战争冲突而与日俱增的法国的贫困者。苏富罗因为这件作品扬名于世，受邀前往巴黎建造万神殿。

绝对权力、君主政体和教会的赞歌停止奏响，社会与文化气候开始变化——不再为了歌功颂德或说教规劝，而是追求欢愉和乐趣。

凡尔赛宫的奢华神话在太阳王死后（1715年）的巴黎迅速陨落，但在欧洲其他地方，要超越这件杰作仍有很长的路要走。也许理智与实用主义的成功兴起缩小了建筑的尺寸，但这绝不意味着审美与装饰上的简单或朴素——洛可可风格可谓装饰主义的精髓所在，描金的石膏饰，亮漆和镜子的使用，轻盈的结构件，随室内光线和通风情况而变的色彩效果，还有充满想象力的空间连接方式，卵形或圆形的客厅以多条不同路径与若干传统式房间相连，宛若迷宫一般。洛可可风格的装饰偏爱抽象与不对称感，形态取自自然界的贝壳、珊瑚和花草植物，对异域元素的热爱更毋庸置疑，尤其是对所谓的"中国风"工艺品。原本强调突出的建筑结构部分，现在完全掩映在由装饰物件创造的错视游戏之下——建筑与装饰第一次合而为一，不分彼此。巴洛克的浮华卓绝被一种对愉悦感、精致度和娱乐性的纯粹需求所取代。因此，可以说建筑开始为室内装饰服务。

95页左上图
弗兰索瓦·德·屈维利埃，镜厅，1734—1739年，阿马林堡，慕尼黑，德国

95页右上图
卡波迪蒙特皇家工坊，波蒂奇宫瓷器室，1757—1759年，卡波迪蒙特博物馆，那不勒斯，意大利

95页下图
交易所广场，1730—1755年，波尔多，法国
　　在波尔多，加伦多多河西岸的部分城墙被推倒，在此建造了交易所广场，广场上有两座相似的阁楼式建筑：一座是交易所大楼（北边），另一座是农业馆，上面饰有弥涅耳瓦（智慧、技术及工艺之神）和墨丘利（富牧、商业、交通旅游和体育运动之神）的雕像。

下图
让·库尔托纳，马提翁宫面向庭院一侧的正立面，1722—1725年，巴黎，法国

剧院

　　剧院是 18 世纪上半叶欧洲舞台上日益兴盛的一种建筑类型。世纪之初，巴洛克风格的剧院在意大利的发展业已炉火纯青，成为南欧各大城市争相效仿的对象。

　　17 世纪末的巴洛克剧院建筑发生了一些结构上的变化，随即推而广之：舞台背景更深邃也更真实，大厅设计弃用了传统的大台阶和开放式楼座，以圆柱与拱门间隔的一排排小包厢取而代之，提供了更好的私密性与舒适性。由费尔迪南多·加利·比比恩纳建造的曼托瓦公爵剧院（1706 年）和由弗朗西斯科·加利·比比恩纳完成的维罗纳爱乐乐团（1729 年），包厢略微向外倾斜（叫作"钟式"或"马蹄铁式"），舞台的可见度得以提升。但并非所有的建筑师都采用这种方案，例如在法国，大厅的形状更倾向于矩形。

　　然则我们有必要对皇家私人剧院和公共剧院加以区分，前者直到 18 世纪末期方才时兴。总体而言，两者均属同一类平面，但规模和特征有所不同。皇家剧院作为皇宫的组成部分，不需要一个确切建筑意义上的外立面；而公共剧院则位于城市空间之中，至少是一个建在户外的独立建筑。

下图

弗兰索瓦·德·屈维利埃，老皇宫剧院，1751—1753 年，慕尼黑，德国

　　这件屈维利埃最后的杰作是欧洲最具创意的洛可可剧院之一，充满了大片的金色和象牙色装饰，有猎童像、人像柱，还有乐器。建筑平面及结构都属于传统样式，但装饰上则不乏水平波纹饰、螺旋柱和精雕细琢的男像柱。

从建筑艺术角度看，晚期巴洛克风格剧院中最有趣、最宝贵的建筑当数慕尼黑老皇宫剧院，它是皇宫中真正的洛可可风格瑰宝。1750年，选帝侯马西米利亚诺·朱塞佩三世委托法国建筑师弗兰索瓦·德·屈维利埃新建一座歌剧院，建筑师与舞台布景师詹尼·保罗·加斯帕里合作完成了这件作品。

1753年10月，剧院举办落成庆典。非同凡响的建筑内部几乎完全以实木制成，并以大理石花纹的栏杆和圆柱、柱顶中楣、小天使像、旋涡花饰及其他典型洛可可风格的亮金色雕刻品装点室内环境。真正奢华的要数为君主及皇族专设的大包厢，占据两排小包厢高度的贵宾包厢上悬挂着以优雅洛可可风格装饰的族徽。

上图
朱塞佩与卡洛·加利·比比恩纳，皇家剧院内部，1744—1748年，拜罗伊特，德国

朱塞佩与卡洛·加利·比比恩纳设计建造的拜罗伊特皇家剧院有着"U"形排布的包厢和拱门式的舞台前景，堪称18世纪中叶剧院形式的典范。精雕细刻的侯爵包厢被安排在一个能够欣赏到透视布景的绝佳位置。

多米尼克斯·齐默尔曼在大厅的拱顶上创作了神话人物形象的湿壁画。大面积实木的使用对优质音响效果的实现大有裨益。勃兰登堡-拜罗伊特的费德里科侯爵委托布景建筑师朱塞佩·加利·比比恩纳设计的拜罗伊特侯爵剧院（1744—1748年），亦是欧洲晚期巴洛克风格最美剧院之一。加利·比比恩纳的设计糅合了意大利与法国元素——大厅内，精致栏杆围起的楼座与正面彩绘的木质包厢中间设有贵宾席，面对大厅、立于两侧的一对圆柱标示出舞台的所在。朱塞佩的兄弟安东尼奥·加利·比比恩纳沿用了曼托瓦学院科学剧院（1767—1769年）中舞台前部两侧包厢的设计，完成了晚期巴洛克剧院的最后一件经典之作。

在原有小型剧院基础上修建的新剧场采用了钟形布局的四层包厢模式，置于舞台前方。

剧院内部以栏杆、圆柱和隅撑精心装饰。值得一提的还有同一时期由范维特里设计建造的卡塞塔宫宫廷剧院。该剧院呈圆形，在12根典雅圆柱的映衬下更显高贵。五层环形布局的包厢共计42间，每间都有大面具、孩童

下图
安东尼奥·加利·比比恩纳，科学剧院，1767—1769年，曼托瓦，意大利

曼托瓦的这座剧院和科学与文学学院位于同一栋楼，因此得名科学剧院。钟形平面的建筑共设四层包厢及一个固定舞台；包厢内墙上华丽的单色装饰面板出自同一位建筑师——安东尼奥·加利·比比恩纳之手。

Scena della Festa Teatrale in occasione degli Sponsali del Principe Elettorale di Baviera.

雕像和垂花带装饰。18 世纪上半叶的剧院舞台布景是由透视画家，也就是透视法和错视法建筑设计的专业艺术家创造的完整的建筑作品。

透视画与建筑错视画一样，能通过完美制造的幻象让空间从无到有，扩大和生成多个空间。晚期巴洛克对差异性、多样化和错视法孜孜不倦的追求为这种艺术风格的进一步发展创造了条件，不仅适用于剧院，也出现在私人住宅和教堂的设计当中。艺术与建筑世家的加利·比比恩纳家族（来自艾米利亚地区）在 17、18 世纪之交登上了这门艺术的巅峰。作为舞台绘景和透视画领域的专家，他们为整个欧洲创造了精彩绝伦的作品——能够欺骗人们双眼的建筑与布景设计从视觉上改变了大厅与舞台的模样。加利·比比恩纳家族的创作以精致考究、富于幻想和极致华丽著称，作品中曲折的台阶、柱廊和偌大的庭院呈现出一番精彩绝妙、栩栩如生的景象。费尔迪南多·加利·比比恩纳（1657—1743 年）发明了所谓的"成角透视"，以倾斜的透视角度取代传统的中轴线视角。舞台区域因此变得生动起来，在视野范围变大的同时也打破了中心透视景的刻板单调。费尔迪南多之子安东尼奥（1697—1774 年）同样在国际上获得成功，他不仅是节日庆典活动短期布景的策划师，也是活跃在奥地利首都的剧院工程师。1745 年左右，他接手了由叔父弗朗西斯科修建的维也纳皇家剧院的装修工程，作为一名舞台布景师和建筑师重新回到意大利开展工作（曼托瓦科学剧院，1767—1769 年，及帕维业四骑士剧院）。

上图

朱塞佩·加利·比比恩纳，巴伐利亚选帝侯婚礼庆典场面，出自《建筑学与透视法》，1740年，奥古斯塔，德国

柱廊与栏杆的大胆短缩、朝向天空的拱顶、雄伟的大台阶以及透视法绘就的深邃走廊，让室内空间更显恢宏瑰丽。该设计参考了文艺复兴时期的古典宫廷建筑。

图书馆

自 16 世纪末兴起的收藏风，带动了百科全书般的图书馆与珍宝馆（收藏家通常用来保存内在和外在特征与众不同的藏品的地方）的建造。珍贵材质与奇特工艺、自然元素与人工器具，对这种融合方式的偏好在晚期巴洛克风格图书馆中尤为突出，不断丰富的科学知识与自然界中的独特形式在此交织，中世纪炼金术士的研究、探索似乎仍在继续。这些与"藏品阁"一脉相传的私密的图书馆和珍宝馆，在整个 18 世纪依然常见。腓特烈二世在波茨坦无忧宫城堡内的图书馆即是此中的代表作，这是一个极为私人的小空间，正符合一个人文主义学者的身份。此外，18 世纪最强大的宫廷也建造出一批宏伟壮观的图书馆，在那些高大宽敞的大厅里，整墙的书本与天顶壁画连成一片。在两侧的房间里，通常存放着异域特色的、珍奇古怪的物品。以哈布斯堡图书馆为例，书本被保存在一座由菲舍尔·冯·埃尔拉赫设计的瑰丽的大厅内，阳光透过偌大的窗户照亮整个房间，墙上装饰着丹尼尔·格兰绘制的湿壁画，画面中的卡洛六世皇帝化身为艺术与科学的守护者。当然，不仅是君主和皇帝，沿袭千年来保存智慧的传统道路，修道院与其俗世中的同胞一样，也是雄伟的晚期巴洛克风格图书馆的忠实拥趸。

菲舍尔·冯·埃尔拉赫，霍夫图书馆，1721—1735年，维也纳，奥地利

由菲舍尔·冯·埃尔拉赫设计的霍夫图书馆，其外观展现出真正的法国古典风格，室内则是一个富丽堂皇的椭圆形圆顶房间，向两端辐射出一条幽长的拱廊，廊道的一侧整齐地排列着并置的圆柱。大厅中充满了生动、精致的光亮材质，明澈的室内环境让霍夫图书馆成为那个时代最能令人沉醉其中的建筑之一。

梅滕修道院图书馆，1722—1729年，德国

满绘壁画的拱顶，出自弗兰兹·约瑟夫·霍尔津格之手的石膏饰与珍贵的金色镶嵌书架，让这座图书馆尽显魅力，当属欧洲晚期巴洛克风格中最优美的房间之一。

异域风情

对东方式装饰的追求在 18 世纪时成为一种真正的时尚，演绎出不同的趋势：从中国风到印度风，再从伊斯兰艺术及至日本艺术。尤其是遥远而神秘的中国，燃起了各个领域对新事物的渴望，从陈设品到建筑物，从装饰到瓷器，从家具到珠宝，从挂毯到珍贵面料，不一而足。

洛可可风格的雅致秀丽与东方的异域风情和细腻清透的样式水乳相融，实然有别于刚硬的古典主义和巴洛克风格。建筑师和室内装饰家积极回应中国艺术品特有的细腻、迷人的风格，放弃了古典艺术标准，将自然视作灵感的源泉。对西方建筑师而言，东方代表着一种摆脱了古典传统模式的自由之源——允许他们挣开一系列既定的美学原理在设计中恣意挥洒。这种风潮与其说是对东方艺术与建筑学科真正感兴趣，不如说是追求一股异域色彩的潮流，原本的特质经过形态和装饰上的西方化加工已发生转变。与此同时，中国开始生产专供欧洲市场的用品和饰物，比如某些瓷质食具和家具。

这种肤浅的异域风味在法国和英国广受追捧。贵族宅邸内增添了珍贵的瓷器、丝绸、大幅手绘扇面、大漆家具、织物和木饰屏风。效法 17 世纪凡尔赛宫苑内的特里亚农瓷宫，花园里流行建造怪诞的塔式屋顶亭子。

伦敦不仅成为繁荣的进口商品市场，也是高级仿制品的集市——特别是大漆家具和家具用品——这些能工巧匠制作的产品风靡到整个欧洲。

卡尔·弗里德里克·阿德克兰兹，中国宫，1763年，王后岛，瑞典

1753 年，国王阿道夫·贵德里科下令在斯德哥尔摩附近的王后岛皇宫花园内修建中国宫，作为送给王后路易莎·乌尔里卡的生日礼物。1763 年，建筑师卡尔·弗里德里克·阿德克兰兹以一座砖结构宫殿取代了原来木结构的中国宫，并留存至今。建筑的外观和内饰展现了欧洲人对中国艺术的重新解读：艺术家可以自由地发挥想象，创造出一个奇妙、怪诞、异域色彩的世界，但同时又与洛可可风格琴瑟和谐。看到这座宫殿时的王后惊喜若狂，她把这里作为自己的避风港，身处其中仿佛神奇般地置身于遥远的中国。

左图及103页下图
约翰·戈特弗里德·比林，无忧宫中国茶亭外景及细部，1754—1757年，波茨坦，德国

从建筑师约翰·戈特弗里德·比林设计的茶亭上可以清楚地感受到当时的欧洲人对东方世界的好奇心以及对中国风的热衷。在腓特烈大帝建议下建成的茶亭体现了自然与建筑的完美融合，棕榈树形状的金色圆柱、充满幻想的真人大小的金色中国人像（出自约翰·戈特利布·艾姆勒和约翰·彼得·博伊克特之手）手执乐器与茶盖，凸显异国情调。

意大利模式

　　17 世纪时，巴洛克风格从罗马传播到整个欧洲，每一位渴求新意的建筑师和艺术家都将罗马作为必游之地。待到 18 世纪上半叶，上世纪建筑界的思想激荡逐渐放缓，表现形式越来越拘泥于既有的成熟模式而罕有创新。城市成为局部规划改造的目标，以台伯河上已遭毁坏的里佩塔港为例，这座位于管道街街尾的码头是建筑师亚历山德罗·斯贝奇（1688—1729 年）于 1705 年完成的作品，两侧逐阶下降的梯道之间那一片凹凸有致的台阶便是人们下船后的落脚之地。

　　在建筑师斯贝奇、拉古奇尼、萨尔迪和瓦尔瓦索里的作品中——最后这位是科尔索大街多利亚宫（1731—1733 年）正立面的修复者，17 世纪的浮夸之风渐淡，转而以一种更活泼、更具装饰性的晚期巴洛克风格以及一些洛可可元素来为建筑增添亮色。

　　多年来，圣路卡美术学院也在建筑领域大力推动古典主义，欲从极端的巴洛克风格中抽离出来。这就解释了亚历山德罗·加利莱和费尔迪南多·福加等建筑师能够创作出优美雅致的古典主义作品的背景。

105页图

亚历山德罗·加利莱，拉特兰圣乔凡尼大教堂，1732—1737年，罗马，意大利

时任托斯卡纳大公御用建筑师的加利莱，在 1732 年的拉特兰圣乔凡尼大教堂正立面重建工程竞标中胜出。他设计的建筑正立面上，高大的壁柱将一层入口与二层祝福敞廊的两排柱廊连为一体，呈现出明显的正交性。佛罗伦萨人费尔迪南多·福加是活跃在教皇克莱蒙特十二世的建筑工地上的另一位主角，他对质朴与优雅的追求与新任罗马教皇对装饰的要求一拍即合，从罗马圣玛利亚大教堂的正立面设计（1741—1742 年）上便可见一斑。

出生于佛罗伦萨的建筑师费尔迪南多·福加（1699—1781 年）常常以非凡的手法融合古典主义与巴洛克风格，创造出令人震撼的美学效果。他的宫廷风巴洛克始终伴随着奔流不息的、也是学院派和来自托斯卡纳的教皇克莱蒙特十二世都竭力捍卫的古典主义潮流。正是在罗马这座 17 世纪的艺术与建筑之都，福加实现了他此生最重要的几件作品，如比例匀称、线条朴实优雅的宪法法院（1732—1737 年）正立面，又如在双层敞廊的衬托下尽显宏伟的圣玛利亚大教堂（1741—1743 年）——普世降福仪式时可以看到出现在上层敞廊中的教皇。被教皇任命为宗教建筑大师的福加承接了不少重要项目，其中包括奎里纳莱宫的收尾工程，他在原有设计基础上增加了一条被称为"长袖"的边房。科西尼宫向晚期巴洛克风格的转变同样引人注目，显露出艺术家精致、高雅的品位。此外，圣玛利亚死者祈福教堂（1733—1737 年）与圣阿波利纳雷教堂也是福加的作品。

1751 年，他作为波旁王朝卡洛三世的宫廷建筑师移居那不勒斯，除了接手吉罗拉米尼教堂的正立面设计（1780 年），福加还完成了济贫院（约 1750 年）、贵族府邸、皇家套房装修和宫廷剧院修复等多个名声赫赫的项目。过往作品中的自由挥洒与创造力在其后期的设计中有所缺失，以展示一种更为质朴的古典主义风格。在雷西纳，福加建造了费沃丽塔别墅（1786 年）和雅西别墅；在西西里，他完成了帕勒莫大教堂的内部重建（1767 年）。

装满风格词汇的抽屉里很难找出一个可以用来准确定义乔凡尼·巴蒂斯

上图

费尔迪南多·福加，圣玛利亚大教堂，1741—1743 年，罗马，意大利

继承了巴洛克舞台布景绘制术的福加力图通过一种稳重、质朴的装饰使这种传统理性化。他为罗马设计的作品见证了巴洛克风格空间研究向新古典主义趋势的过渡。

塔·皮拉内西如此复杂多变的作品。总体而言，他介乎新古典主义与浪漫主义之间，如同这两股潮流的先驱者。但从时间上看，他恰恰生活在巴洛克晚期的核心阶段，是福加、加利莱、范维特里的同时代者。虽有对古罗马艺术和建筑的酷爱，但他的视界、斜线的处理、创作方法和技巧更接近晚期巴洛克风格的大师们。作为建筑师，他留下的作品并不是落成的建筑，而是刻版画：有些是原创建筑，有些是以恢宏的巴洛克场景展现新古风的奇思妙想之作。皮拉内西首先是位建筑师，在他的刻版画上总是署名"威尼斯建筑师"，他创作的古代或现代建筑风景画，本质上是建筑的复制品，画面上出现的少数人物速写与弗朗西斯科·瓜尔迪的风格近似。在晚期巴洛克风格的多种发展趋势中，始终存在着对宏伟古迹、广阔空间和浩大规模的渴望，这些维度同样体现在皮拉内西的刻版画中——在创作时，他经常使用大开面的纸张，或者说当时能找到的最大尺寸的画纸。因此，他的某些描绘罗马大拱门、桥梁、混凝土和砖结构古罗马大浴场拱顶的画作能够给予让·奥诺雷·弗拉贡纳尔和休伯特·罗伯特等极致巴洛克风格画家诸多启示，实不足为奇。他的著作《创造的囚笼》（1745—1761年）开创了浪漫主义超凡风格的先河，其建筑畅想亦源自晚期巴洛克作品中的幻景。皮拉内西对此了然于胸，只需浏览他那数百幅取材自费尔迪南多和弗朗西斯科·比比恩纳作品的图样和刻版画，便能看到庄重、豪华的建筑和庭院在短缩透视的作用下产生的舞台效果，还有插着门闩的漆黑的牢房、滑轮车以及消失在黑暗中的台阶。晚期巴洛克戏剧性的一面常常在皮拉内西的作品中凸显出来，无论置身哪个时代他都是最伟大的建筑雕版师。

106页下图

费尔迪南多·福加，宪法法院正立面，1732—1738年，罗马，意大利

这座大楼展现了一种新的建筑类型，行政楼与营房在此合而为一。正立面上有序排列着扁平的壁柱和宽大三角楣饰下的窗户，呈现出一系列米开朗琪罗式的优雅图案，托斯卡纳典型的匀称感让这件作品显得与众不同。

左图

菲利波·尤瓦拉，圣图被托教堂内部，1716—1730年，维纳利亚宫，都灵，意大利

入口门厅处的隔断、后殿墙壁的后撤及其前侧的半圆柱廊，使希腊十字形的建筑平面产生一种纵伸感；由六根圆柱支撑起的放射状双圆环和上方的圆形神龛组合而成的祭坛进一步强化了这种效果。祭台后方的卵形窗被石膏质地的天使像和云彩环绕，神圣之光透过这里，渗入到每个角落。教堂支柱被设计成四座圆形小神殿，中间深深嵌入一座壁龛，殿前立有造型雅致的栏杆，王公贵胄们在光辉笼罩的穹顶下方列席宗教仪式。

罗马：城市中的舞台

18 世纪，舞台式建筑填补和美化了教皇之城的一些"留白"角落。晚期巴洛克建筑不仅体现在新教堂和宫殿的设计中，也出现在城市空间中，例如连接山顶上建于 16 世纪的圣三一堂和山脚下西班牙广场的大台阶（1723—1726 年）。

预选设计方案出自弗朗西斯科·德·桑克蒂斯（1693—1740 年）之手，贝尔尼尼和斯贝奇的影响显而易见——分为双道的台阶、波浪形的轮廓线以及台阶顶端半圆形平台，荦荦然参考了斯贝奇在里佩塔码头中的构思。但因为山上的三圣一堂与西班牙广场相距甚远，所以德·桑克蒂斯完成的方案更为错综复杂。顺着雄伟、高贵的双坡道大台阶拾级而上，可以看到舒适的歇脚平台，建筑师十分高明地将功能性的一面与巴洛克典型的雄伟大气联系起来。德·桑克蒂斯在设计时不仅考虑了远景，也考虑到近景视角，从台伯河到西班牙广场的漫漫长路上，瑰丽的大台阶演变出多种不同的画面效果。圣依纳爵广场（1727—1730 年）也同样精彩非凡，其设计者是跟随教皇本笃十三世迁居那不勒斯的建筑师菲利普·拉古奇尼（1680—1761 年）。由他负责这座位于圣依纳爵堂前的同名广场的布局：资产阶级的住宅楼环抱着教堂门前的空地，这些建筑物正立面的曲折运动勾勒出一个中心较大椭圆加两侧较小椭圆的样式，巧妙地为空间增添了动感，并制造出更为深邃的效果。有别于圣三一大台阶的奢华大气，拉古奇尼创造的是具有亲昵感且规模适度的作品，幕布般的建筑立面组合也尽显大方得体。广场作为典型的"封闭"而私密的环境，深受洛可可风格的青睐，人们只有在密布的街道中意外窥见这隐藏的惊喜，方可走近她一睹芳容。

下图
菲利普·拉古奇尼，圣依纳爵堂，1727年起，罗马，意大利

通过不动产获取收益的耶稣会士们要求拆除圣依纳爵堂门前的建筑物，为新建工程腾出空间。拉古奇尼从耶稣会士的视角出发，在其教堂门前的空地上展开一个戏剧舞台，分层错列的三栋新楼宛若舞台的幕布。

杰出作品
罗马特莱维喷泉

罗马各个时期的城市装饰品中最舞台化的作品无疑是特莱维喷泉。1732 年，其创作者尼古拉·萨尔维成为教皇克莱蒙特十二世举办的设计竞赛的优胜者。建筑师希望为古罗马无数水道端点之一的"少女泉"塑造一个特定的形象，这也是迄今为止仍在使用的唯一的水渠。自古以来，此地就有一座用于集水的水神庙（水剧场）。喷泉靠近奢华的海神宫墙体较窄的一侧，17 世纪时教皇乌尔班八世曾要求贝尔尼尼在此创造一座雄伟的水剧场。自 1732 年起，直到 30 年后，喷泉才最终由朱塞佩·帕尼尼完成。

萨尔维设计了一个巨大的池子，用石灰华大理石雕刻出气势磅礴的礁岩，再以成群的雕像营造勃勃生机——作品背后是一座帕拉迪奥式的庄严的建筑，让人联想起古罗马皇帝的凯旋门。

正中间高大的壁龛里摆放着海神尼普顿的塑像，他直立在一架有翅海马拖曳的贝壳车之上，一旁的半人半鱼的海神正竭力拉拽一匹难以驾驭的骏马。

特莱维喷泉（Trevı，可能源于"trivio"，即"三岔口"的意思）是巴洛克喷泉杰出的代表之作，换言之，它是一件能够完美融合建筑、雕塑与自然元素（岩石和水）的作品，是一个被奇妙元素激活的舞台。海洋是作品的主题，象征着时间的流淌，一如这座以动势为设计理念的喷泉：造型各异的礁石，在巨池中激荡不息的流水，还有体态丰富、充满爆发力的精彩人物造型。

上图
尼古拉·萨尔维，特莱维喷泉正面，1732—1762年，罗马，意大利

都灵：一座欧洲之都

萨沃伊公爵维托里奥·阿梅迪奥二世，分别于 1713 年和 1720 年加冕为西西里国王和撒丁国王，在他执政期间，皮埃蒙特的实力与威望达到了欧洲水平，摆脱法国影响并抵制其扩张野心的梦想得以实现。因此，新王国的首都渴望成为一座与时俱进的欧洲大城市，作为一个强有力的、不断上升的君主国的标志。城市与周围的领土在 17 世纪后期已经开始变化，兴建了大量的巴洛克式贵族宅邸。革新的推动者维托里奥·阿梅迪奥二世委任自 1714年起担任皇家首席建筑师的菲利波·尤瓦拉负责旧城改造工程，不仅要创设新的都市空间，还要配备与之相适应的现代化基础设施。凭借在罗马时与卡洛·丰塔纳共事所积累的经验，尤瓦拉吸收了多种不同的建筑语言，从宏伟的古典式到文艺复兴，再到从导师身上习得的巴洛克风格，充分体现出风格应用的多样性和灵活性。他的每一件作品都会根据地理位置和建筑属性的不同而呈现出特别的风格特征。国王对尤瓦拉委以重任，负责城市改造这一浩繁工程，欲将都灵打造成一座令人向往的现代欧洲首府。于是，尤瓦拉的作品从早期宏伟的苏佩尔加大教堂（1717—1731 年）等宗教建筑，到豪华宫殿和城市空间设计，比如苏萨门附近的军营（1716 年）。晚期巴洛克风格建筑的雅致改变了都灵的面貌，使它变身为一座奢华的现代化城市，堪称当代典范。尤瓦拉的左右有一批得力的协作者，组成一个有序且系统化的稳定团队。萨沃伊王朝权力与政治中心——皇宫的装修和陈设工作也由他们负责。

左图

菲利波·尤瓦拉与本笃·阿尔费里，博蒙特大厅，1733—1766 年，皇宫，都灵，意大利

1735 年，当尤瓦拉离开都灵前往马德里时，本笃·阿尔费里接任皇家首席建筑师一职。

阿尔费里设计了皇宫三层的内部装饰，重新装修了几处觐见厅，其中包括曾被称为"皇后厅"，现名为博蒙特厅（皇家军械库）的觐见厅。这里的墙面装饰、皮耶罗·朱塞佩·穆托尼的石膏饰以及克劳迪奥·弗朗西斯科·博蒙特的天顶画《艾尼阿斯神话事迹》，处处流露着轻盈与精致。

右图

皮耶罗·皮菲提与弗朗西斯科·拉达特，组合家具，1732 年，皇宫，都灵，意大利

这是一件非凡之作，结合了皮菲提的细木工艺与拉达特的青铜铸造工艺，符合 18 世纪初的优雅路线。

左图

菲利波·尤瓦拉，圣菲利波·内里教堂，1715—1730年，都灵，意大利

这座17世纪末开始建造的教堂，于1714年发生鼓形柱和穹顶倒塌，尤瓦拉以全新的设计重新修建。就平面和规模而言，教堂呈现出莱昂·巴蒂斯塔·阿尔伯蒂在15世纪后半期的曼托瓦圣安德烈大教堂中使用的矩形巴西利卡教堂的新模式，正如苏佩尔加大教堂是尤瓦拉式中心对称教堂的缩影。浸润在光线中的高大而轻盈的拱顶向两侧宽阔的椭圆高窗伸展，窗下正对着一个个小礼拜堂。尤瓦拉利用凹面的支柱和教堂两端的拱形墙面来强化中殿与小礼拜堂在空间上的统一，彰显了18世纪整体效果空间设计的从容流畅。

那些年里，尤瓦拉适度奢华的建筑美学犹如一阵浪潮，深深影响了彼时的宫廷文化。

确切地说，宫廷中集合了当代最优秀的手工艺大师、画家、装饰家、银匠、细木工匠，为新首都的声名鹊起贡献佳作。

不过三十余载，尤瓦拉卓越的才华与宏伟的设计已冠绝当世，国王、君主、大主教和贵族的邀约从欧洲各地纷至沓来。他的深化设计以速度和精度著称：建筑、装饰和陈设面面俱到，广泛使用的透视和绘画效果让人一望而知。建筑师会将从事内部装饰的手工匠人推荐给业主，对于自己预先选定的画家，尤瓦拉的关注程度几近疯狂。使尤瓦拉跻身18世纪欧洲一流建筑师行列的作品大多是自1714年起他作为皇家建筑师为萨沃伊王朝的维托里奥·阿梅迪奥二世所建。尤瓦拉的成功源于他对王国城市规划新要求以及前人建筑准则天才的再诠释能力——通过一系列紧锣密鼓的工程重新塑造了都灵城的象征形象，并将周边地区纳入一种新的、不落俗套的语系之中。他在定居都灵的20年里，建造或翻新了16座宫殿、8座教堂、超过24座祭坛、两座大城门、苏佩尔加大教堂、斯图皮尼基狩猎宫，还有维纳利亚皇宫。在如此繁多的作品中，他仍能够保持不断创新的设计水平和超高的质量，着实令人惊叹。城堡广场和夫人宫的翻新是都灵旧貌换新颜的焦点，其规模和细节品质足以与欧洲最新兴建的宏伟宫苑比肩。城郊宅邸的设计语言同样清晰明了——设计者用笔直、宽阔的大道将宏伟超绝的建筑与象征萨沃伊首府的皇宫连接起来，形象地表达出这里不再只是"欢愉的皇冠"，而是权力的直接释放。夫人宫的外墙浓缩了都灵城两千年的历史，从古罗马时期的建城到萨沃伊王国的第一次元老院会议（1848 年）。这座位于东西大道起点的建筑原是城市的东大门，在中世纪时被改造成有角楼和厚墙的小堡垒。其命名缘于两位 17 世纪时居住在此的"王室贵妇"——第一位是法国的玛利亚·克里斯蒂娜，自 1636 年起以其子卡洛·艾曼努尔二世之名执掌公国；第二位是萨沃伊-内穆尔家族的玛利亚·乔瓦娜·巴蒂斯塔，卡洛·艾曼努尔的遗孀，自 1675 年起代其子维托里奥·阿梅迪奥二世摄政。设有门厅和双台阶的格式巨大的建筑正立面系菲利波·尤瓦拉之作，完成于 1718—1721 年，属于晚期巴洛克阶段的作品。尽管梅西纳建筑师最初设计的图纸未能完全落地（应有两座后缩的边楼，其中一座与皇宫内的建筑相连），但从建筑正面和大台阶的样式中可以得见他敏锐的艺术感，他将一个完全巴洛克式的建筑正面镶嵌到原来中世纪时期的外立面上。庄严的正立面上，壁柱饰与高大的法式窗间隔排列，柱子上方除横檐梁之外还有一排精致优雅的栏杆，顶端立有花瓶和雕像。透过玻璃窗射入的光线让室内空间熠熠生辉，宏伟的双坡道大楼梯直通二层，沿途饰有花环和贝壳形的石膏饰。楼梯尽头出现一座空中平台，作为下方入口玄关的房顶。建筑由堡垒变身高雅尊贵的住宅，彰显出王室的风采及其不断上升的国力——1848 年，二楼的大厅里将迎来撒丁王国首个参议院。

下图
菲利波·尤瓦拉，夫人宫正立面，1718—1721 年，都灵，意大利

尤瓦拉创作出形式恢宏的正立面，其突出部分的内、外层结构相互渗透和延续。他将一座中世纪时建于东西大道（这条横贯城市的道路一直通向苏萨和法国）起点处的建筑物围裹起来。正面檐口上方列有一排栏杆，扶手处装饰着的寓意雕像和一人高的花瓶出自乔瓦尼·巴拉塔之手，这些雕塑作品从罗马一路北上运往此地。

杰出作品
都灵苏佩尔加大教堂

矗立于山丘（高672米）之上的苏佩尔加大教堂（1716—1731年）俯瞰着整座都灵城，很多人都认为它是城市形象创造者、建筑师菲利波·尤瓦拉最杰出的作品。

这是意大利最宏伟的晚期巴洛克风格圣殿。在法国军队围困都灵（1706年）期间，萨沃伊公爵维托里奥·阿梅迪奥二世在此誓愿，要在苏佩尔加山山顶的圣母像前建造教堂。尤瓦拉必须平整一片落差达

40米的土地，他不知寝食地投入到建设工程中，在项目的每个阶段都坚持亲临现场（他甚至要求死后埋葬此地，但因后来在马德里去世，未能遂愿）。1731年，教堂举办了隆重的落成仪式，国王卡洛·艾曼努尔二世和尤瓦拉本人都亲自出席。18世纪70年代，在这座能够在穹顶上尽享城市壮丽美景的教堂下，加建了一个拉丁十字形的地下室，位于圣坛的下方，作为容纳萨沃伊家族60具遗体的场所。

下图

菲利波·尤瓦拉，苏佩尔加大教堂穹顶外景，1716—1731年，都灵

教堂的外观设计十分注重各组成部分的比例关系，借鉴了罗马万神殿的样式，八角形平面上盖鼓形柱和圆形穹顶的创意正是由此而来，其正立面也参考了圣彼得大教堂的设计。三角楣饰及其下方由八根柯林斯圆柱组成的门廊比例颇为匀称。大圆顶两侧矗立着秀丽、高雅的双子钟楼。

那不勒斯

18世纪初的那不勒斯经历了短暂的哈布斯堡时期（1707—1734年）和之后的波旁王朝统治，在卡洛三世（1734—1759年）及其子费尔迪南多四世（1759—1799年）的执掌下，城中开始大兴土木，市容焕然一新，楼宇、广场和新的交通干道星罗棋布。早在奥地利总督管辖时期，多梅尼克·安东尼奥·瓦卡罗等建筑师与贵族费尔迪南多·圣费利切设计建造的教堂和宫殿便以雅致的晚期巴洛克风格闻名，如瓦卡罗的塔尔夏宫、圣米歇尔大天使教堂和加尔瓦略山圣母无原罪堂；圣费利切建造的著名的双台阶建筑西班牙人宫、圣费利切宫和卡萨诺塞拉宫。波旁家族上台后，受其旨意兴建了无数建筑，比如皇宫、济贫院、水渠和建于1737年由乔瓦尼·安东尼奥·梅德拉诺设计的圣卡洛剧院。18世纪中期，被一种更为简朴的古典主义风格所吸引的卡洛·波旁请来建筑师路易吉·范维特里和费尔迪南多·福加为宫廷效力。他们的作品介乎于生气勃勃的晚期巴洛克风格与简洁大气的古典主义之间，使当地的建筑品位明显发生了变化。

福加投身于规模浩大但从未竣工的济贫院项目，这座建筑的正立面宽幅超过300米；1778年，他又投入到玛利亚抹大拉桥与格拉尼利宫（"二战"后被毁）的建造。

路易吉·范维特里成为18世纪那不勒斯最重要的建筑师之一，他受命建造宏伟瑰丽的两西西里王国的凡尔赛——卡塞塔皇宫，他还完成了卡洛林市场（今但丁广场）、圣女布道教堂等其他重要作品，以及圣母领报大教堂的重修。

115页图

多梅尼克·安东尼奥·瓦卡罗，加尔瓦略山圣母无原罪堂穹顶内部，1718—1724年，那不勒斯，意大利

这座教堂是瓦卡罗的杰作，一件总体艺术品，建筑、雕塑和绘画都出自同一位设计者之手。建筑平面是八边形与希腊十字形的结合体。室内重点强调白色的表面，在结构突出部分嵌入褶状石膏饰，又以旋涡花饰装点穹隅。瓦卡罗弃用鼓形柱，并免去了穹顶的结构连接，这样的圆顶形似一种从上扣下的带花边装饰的灯罩。

左图

多梅尼克·安东尼奥·瓦卡罗，圣基娅拉教堂瓷釉庭院，1739—1742年，那不勒斯，意大利

瓦卡罗的艺术敏感性在他最知名的作品中焕发光芒——真实与虚构在持续的色彩的呼应中融为一体，比如用绘有葡萄藤的柱子支撑起一个真正的葡萄藤架，或者在喷泉底部画上一条条鱼儿。

卡塞塔皇宫

1751 年，卡洛·波旁委托路易吉·范维特里（1700—1773 年）在卡塞塔兴建一座新的皇家住宅，并配备一个集军营、行政楼、艺术和文化场所于一体的设计高效、合理的建筑群。以凡尔赛宫等 17 世纪最著名的皇宫为先例，卡洛·波旁也希望在那不勒斯附近拥有一座能够彰显其政治威望的宏伟宫殿。事实上，只有皇宫和花园最后得以落成——1759 年，因国王离开那不勒斯赴西班牙登基，工程进展放缓，后由建筑师路易吉·范维特里之子卡洛接手完成。范维特里推崇一种以古典主义的秩序感和匀称感为基础的建筑语言，在宫殿周围设计了一系列井然有序的建筑物，宫殿后方则长长地延伸出一片优美雅致的法式花园。宫殿前方，不同建筑物围划出的一片宽阔的椭圆形广场与一条通往那不勒斯的阳关大道相连。道路和建筑的组合体现出直线性与对称性的特点，宽大的建筑正立面也同样有层有序。无论是建筑还是园林，整体设计方案基于整齐性和对称性原则展开。住宅由一个巨大长方体构成，内部呈十字形排列的建筑体分隔出四座相同且对称的庭院。入口处位于孔石和砖块砌成的宽大的正立面中央，高起的立面基部为砌琢石筑就，三角楣与高耸的圆柱让建筑尽显宏伟，犹如一座古代庙宇。而朝向花园的立面上则有序排列着一系列高大粗壮的壁柱。

建筑的内部布局，从私人房间到觐见大厅，都符合条理性和协调性的要求。这种对形式的严格规范和质朴的高雅气质，似乎是对未来新古典主义风格的预告。诚然，因为一些重要元素的存在，它仍然属于晚期巴洛克风格的范畴，譬如整体设计呈现出的舞台布景般的效果，又如建筑体中心位置上直径超过 15 米的八角形前厅，四周环绕着 20 根陶立克柱，还有环形的走廊以及穹顶式的屋顶。雅致的晚期巴洛克风格大阶梯一直通向王室套房和皇家礼拜堂，台阶中央的坡道由一整块石料开凿而成。考究的结构形态加上壁柱、

上楣柱、拱门、拱顶以及珍贵的大理石覆盖面的映衬，使其成为宫苑中最闪亮的元素之一。

　　在王宫建筑精品之中，我们还能找到一座以那不勒斯圣卡洛剧院（1737年）为样板建造的小型宫廷剧院。剧院设有五排包厢，包厢的栏杆上绘有小爱神和花环图案，雪花石膏圆柱耸立其间；舞台的开关别出心裁，可以根据需要将外面的风景引入室内，营造出一种效果真实的景深和风光。为给花园提供水源，范维特里在以皇宫为顶点的中轴线周围设计了一条大水渠（卡罗琳娜渠），其实用功能充分显示出建筑师惊人的工程学才能。水流被引向布里亚诺丘，满蓄的渠水呈瀑布状向狄安娜与阿克太翁喷泉泻下。今天我们仍能从这里欣赏到长长的水渠沿着两侧的林荫路从水池流向另一端巍然矗立的宏伟宫殿。

下图
路易吉·范维特里，卡塞塔王宫园林，1752年起，那不勒斯，意大利

　　透视镜筒般绵长的"水路"将山丘一分为二，一路奔向无尽遥远的大瀑布集水盆地。

晚期巴洛克风格的西西里

1693 年 1 月，震撼了西西里岛东部的大地震带来了灾难性的后果：古代和现代的建筑，从宫殿、教堂，到普通住宅、广场和街道都被夷为平地。在西班牙政府的关心下，许多城市规划师和建筑师投身到城市的重建工作中——当地最具才能的建筑师们通常都是从罗马学成归来的，或至少曾在罗马考察，因此学习到了 17 世纪的巴洛克风格。卡塔尼亚、梅西纳、锡拉古萨、拉古萨、莫迪卡和诺托等地开始兴建各类大型项目——在那些废墟中矗立起我们今天所欣赏的建筑创作。西西里的晚期巴洛克建筑是罗马、西班牙巴洛克与当地传统建筑琴瑟和谐的成果，表现出一种特别的语言风格，强调舞台化的环境布置：有宽阔的入口大台阶、上楣柱与生动的镶嵌饰物衬托下的正立面、大量的立体元素、精雕细琢的阳台、广泛应用于室内环境的彩色大理石，还有壁画和做工精巧的石膏饰。乔万·巴蒂斯塔·瓦卡里尼（1702—1768 年）是最重要的匠人之一，这位在罗马成长起来的西西里建筑师为卡塔尼亚建造了市政厅和圣阿加塔教堂（1735 年起），后者的椭圆形平面上被嵌入凹凸元素的组合，独具特色。重建后的拉古萨城设有两个不同的中心：一个是道路笔直宽阔、呈棋盘式布局的新中心；另一个中心重建在原有的古代遗址上，重现了中世纪时期的建筑形式（拉古萨的伊波拉区）。拉古萨的面貌焕然一新，具有典型的晚期巴洛克风格特征，1739 年起由建筑师罗萨里奥·加利亚迪设计建造的圣乔治大教堂就是一个最好的例证。和诺托的大教堂一样，圣乔治大教堂矗立于山巅，其宽阔的大台阶与高大、壮丽的正立面呈现出凹凸有致的效果。

左图

罗萨里奥·加利亚迪，圣乔治大教堂，1730 年起，莫迪卡，拉古萨，意大利

屹立于山巅的莫迪卡主教堂拥有一道气派的大台阶，是西西里巴洛克的顶尖作品之一，宏伟的正立面在周围环境中格外引人注目。作为罗萨里奥·加利亚迪建造的拉古萨圣乔治大教堂的竞争者，莫迪卡主教堂采用了钟楼-立面的形式，与当地风格浑然天成。

右图

安东尼奥·阿玛托，比斯卡里宫装饰物细部，1707 年起，卡塔尼亚，意大利

比斯卡里君主的宫殿就建在毁于地震的城墙废墟之上，面向卡塔尼亚海岸。雕塑家兼建筑师的梅西纳人安东尼奥·阿玛托用白色石材制作出一个充满奇思妙想的上楣柱，装饰着孩童像、垂花饰、涡形装饰和假面具。

杰出作品
诺托大教堂

1693 年 1 月，发生在西西里岛东部的大地震摧毁了大量建筑；与其他教堂和宫殿一样，西西里晚期巴洛克风格建筑中的杰作——诺托大教堂（锡拉古萨省）也建成于地震之后。

重建的诺托镇与原址相隔八千米，很大一部分由建筑师罗萨里奥·加利亚迪和文森佐·西纳特拉担纲设计。他们的作品以自由洒脱与自然和谐闻名，营造出舞台布景般令人瞩目的整体效果。城南是权力机构的所在地，那里有作为地标的重要建筑作品，其中包括屹立于山巅的主教堂，门前宽阔的台阶蔚为壮观。

圣尼科洛教堂自 1844 年起成为主教堂，耗费数十年时间不断进行修葺和重建。尽管项目负责人的身份至今仍是未知，但我们知道有哪些人轮流参与到建设工程中。

1996 年 3 月 13 日，由于大教堂右殿古柱的坍塌，其穹顶、中殿和右殿均倒塌坍陷，此后开始了全面的修复工作。

上图

圣尼科洛大教堂外景，1700 年起，诺托，锡拉古萨，意大利

宽阔的砂岩石正立面在水平层面上被分隔为两层，而垂直层面上则由中间部分和两侧的钟楼构成，使教堂的外观更显宽大和雄伟。顶端的三角楣饰、圆柱和福音传播士雕像为立面的中间部分增添了一份雅致。拉丁十字形教堂的内部是宽敞的三重殿，上方的大圆顶于 1870 年重建，这里随处可见巴洛克式的明暗变化。

119

洛可可风格的传流

18 世纪中期，欧洲的景致发生了变化，增添了许多奢华的宫苑，从结构上逐渐取代了坚固的城堡和传统的宫殿。巴洛克风格开启了一种规模更大的住宅类型，门幅被加宽，建筑形式更为复杂也更具动感，出现了多重内院和 "U" 形主庭院布局，朝向花园的背立面也更精致考究，亭台楼阁为宽广的园林平添姿色。宏伟的凡尔赛宫是 1700 年后建造的一系列住宅项目真正的模板，这座宫苑俨然成为代表君主威望与绝对权力的不可超越的典范。

新的贵族宫殿将私人空间、接待区域以及植物、水系等自然元素融合成一个庞杂的单体，即便是城内的住宅也不忘利用这些元素。

晚期巴洛克风格的宫殿显著地扩大了传统上中央庭院式的布局，或是将宴会大厅或接待厅等区域打造为建筑舞台的主角，置于建筑主体的中部，通常正对一个观景平台或直接面向花园；或是在门厅处画龙点睛，用豪华的大台阶迎接访客，令人啧啧称奇。

建筑的形态因此不断膨胀，出现巨大化的倾向，曲线和突起物的使用越发纷繁复杂。建筑、室内布置和自然区域的融合从巴洛克时期开始逐步加剧，直至进入怪诞的洛可可时期后达到顶峰——在一件真正的 "总体艺术" 作品中，每一个元素都要与其他元素进行交流，创造力、多样性与豪华的气派缺一不可，这种过度的追求有时甚至超过对实用性和合理性的考虑。

下图

菲利波·尤瓦拉与乔瓦尼·巴蒂斯塔·萨凯蒂，皇宫，1735—1764年，马德里，西班牙

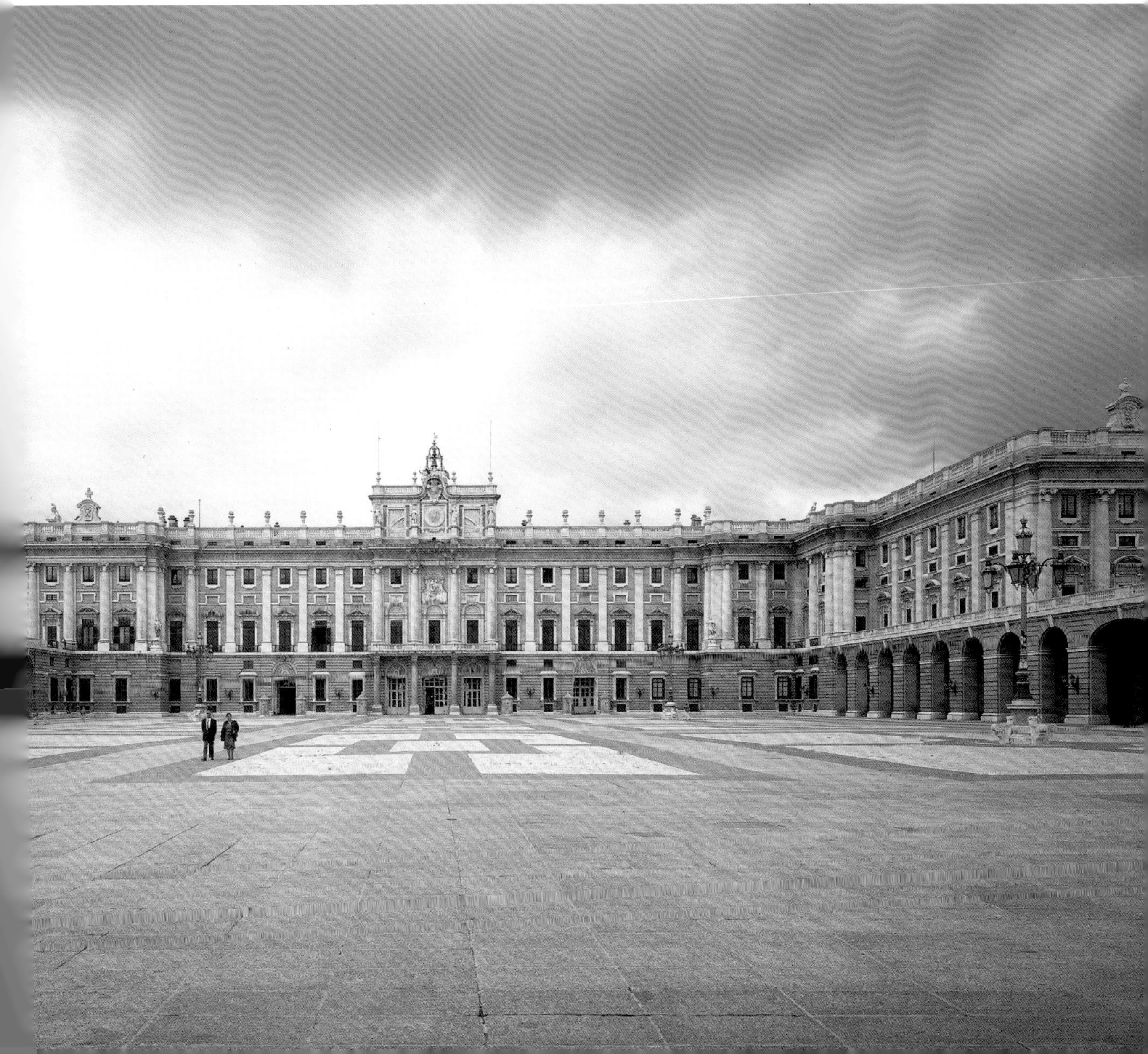

装饰与布景设施占有重要地位，从木饰面或金色的石膏饰，到瓷器和珍贵的织物，还有壮观的、展现惊人错视效果的天顶壁画。在巴洛克式教堂中深受喜爱的卵形平面也被应用到贵族宫殿的设计上，精致的书房和椭圆形的客厅会出人意料地出现在某个角落的门后。与奢华的巴洛克风格相比，洛可可风格开创了更优雅秀丽的建筑形态，明亮的房间中常常以浅色调装饰，如天蓝色、绿色或粉色搭配石膏饰的白色和金色；镜面的使用分外出彩，除了影响房间的空间感受之外，还能在无尽的视错觉变幻中映照出现实事物。

　　凡尔赛宫及其园林的样式多年来仍不断地诱惑和吸引着欧洲的君主和贵族们，尽管对巴黎而言已经过气。卡塞塔王宫、维也纳的美景宫和美泉宫，或是德国的维尔茨堡宫和奥古斯图斯堡行宫等闻名遐迩的宫苑，都是杰出品质的代表，让我们能够亲睹路易吉·范维特里、巴尔塔扎·诺伊曼、菲舍尔·冯·埃尔拉赫、鲁卡斯·冯·希尔德布兰特或弗朗西斯科·巴尔托洛梅奥·拉斯特雷利等建筑师精心创作出的晚期巴洛克风格君主住宅。

　　晚期巴洛克建筑本身俨然是一个不同元素、内涵和引申义的复合体——以迷惑、惊讶和劝服为目的的设计构想获得了极大的成功，让巴洛克风格能够跨越教皇之国的罗马，几乎在同一段时间内先后抵达欧洲各国。这门艺术借助丰富的形式，对神权加以颂扬，对"死亡象征"（memento mori，意思是"记住你终有一死"）加以渲染。

　　这种风格想要超越古典主义，超越传统的限制，想去发现界限之外的世

界，去挑战技术的局限性和前人制定的方法。晚期巴洛克风格的建筑师们在他们的无数次旅行中不断观察、学习和记忆，旋即将掌握的"数据"重新编写，或许还会结合本地传统再次创造，设计出愈加大胆和精致的新建筑。

如此多面的语言在世界各地流传，包括西班牙、葡萄牙等天主教君主国的海外殖民地。在美洲开展的传教活动中，除了带去布道者和教士，也捎去了巴洛克的美学准则。

18世纪的西班牙式美洲建筑成就了令人惊艳的作品，纯粹建筑的内容在此让位于修饰性的装置，密切贴合福音传教的功能。耶稣会会士、多明我会修士与方济各会会士在他们传教地的中心区域修建起宏伟而华丽的教堂，不久之后，这里成了真正的城市。

耶稣会会士参照的建筑模型自然是他们在罗马的母教堂，即耶稣罗马教堂，我们可以看到大量的不同于欧洲教堂的装饰元素，显示出当地文化、习俗和土著象征符号的影响。

缀满热带果实的树木或花环是最典型的作背景之用的基督教图案。殖民地上的晚期巴洛克风格更显富丽堂皇、生气勃勃——正立面、大门和祭坛装饰都是绝无仅有的珍贵艺术品。不同的石材、瓷器和彩色的石膏饰让艺术家们能够恣意地挥洒明艳缤纷的色彩。

上图
雅各布·普兰特尔与约瑟夫·芒根斯特，梅尔克修道院教堂拱顶，1702—1738年，奥地利

立于多瑙河上的梅尔克修道院展现出舞台布景般的外观效果，其教堂内部也经过了重新装修。

哈布斯堡帝国：艺术前沿

　　1683 年，哈布斯堡王朝在战胜奥斯曼帝国的侵略后，选择维也纳作为其长期居住地——帝国把即将到来的新世纪视为领土快速扩张和经济发展的出发点。卡洛四世（1711—1740 年）大力支持艺术与建筑的繁荣发展，召集起一大批外国艺术家，推动晚期巴洛克风格成为帝国皇权的表达方式。菲舍尔·冯·埃尔拉赫、鲁卡斯·冯·希尔德布兰特等建筑大师设计的宫殿和教堂在奥地利各地拔地而起；迸发出的建筑热潮迅速改变了维也纳的城市风貌，使之成为一座能够与法国巴黎相媲美的首都城市。这些新建项目受到 17 世纪意大利建筑潮流的影响，来自巴洛克风格的保护神贝尔尼尼、波洛米尼以及他们的学生，如菲舍尔·冯·埃尔拉赫和鲁卡斯·冯·希尔德布兰特的榜样卡洛·丰塔纳。与作为新教国家的德国相比，意大利的教堂建筑对奥地利晚期巴洛克的影响更为明显。哈布斯堡帝国作为罗马正教的拥护者，渴望确立自身的威信，在其推动下，许多宗教建筑以晚期巴洛克风格进行修复——政教统一成为能够保障绝对政府的稳定性的一个根本元素。法式情调的洛可可风格也在室内装饰中找到发展的沃土，为装饰艺术家和细木工匠提供了更好的发展机遇，他们中的很多人都来自意大利。帝国的夏季行宫——美泉宫（1695—1737 年）被视为哈布斯堡家族的凡尔赛宫，那里保留着不同时代的大厅，其中最受欢迎的当属那些雅致秀丽的洛可可风格房间。

菲舍尔·冯·埃尔拉赫

菲舍尔·冯·埃尔拉赫（1656— 1723年）是哈布斯堡地区晚期巴洛克风格的天才诠释者。作为雕塑家与石膏饰装饰家成长起来的他在罗马和那不勒斯积累了最重要的经验，能够对贝尔尼尼、波洛米尼和丰塔纳传授的内容进行再加工，创造出一种考究而盛大的个人风格。他学识渊博、深受器重，30岁时已获封令人艳羡的贵族头衔"冯·埃尔拉赫"。1693年，正值哈布斯堡帝国筹备庆典之际，他接受利奥波多一世的委托，在维也纳城外——在遭土耳其人毁坏的一处城堡的地方——以富丽堂皇的凡尔赛宫为灵感设计了一座宫殿。尔后，他又建造了规模较小、略显低调的美泉宫（1696—1711年），它至今仍是18世纪最优雅的皇宫之一。

1723年，菲舍尔·冯·埃尔拉赫逝世，维也纳皇家图书馆是他笔下的最后一件作品，由其子约瑟夫·艾玛努尔（他继承了父亲的衣钵，成为一名宫廷建筑师）最终完成。通过珍贵木材、大理石、石膏饰和壁画所蕴含的豪华大气，设计者借助雄伟的椭圆形大厅精彩地演绎出帝国的威望。

菲舍尔·冯·埃尔拉赫还尝试挑战高难度任务，编写出第一部不朽的图文建筑史巨著（《历史的建筑构想》，1721年），其中甚至包括埃及和中国的建筑。这部作品对后来的某些异域色彩的建筑风格产生了深远的影响。

下图

菲舍尔·冯·埃尔拉赫，圣卡洛教堂外景，1715—1721年，维也纳，奥地利

在菲舍尔·冯·埃尔拉赫设计的宗教建筑中，维也纳的圣卡洛教堂（1715—1721年）当属杰作，其特征在整个哈布斯堡地区独树一帜——罗马的名胜古迹给建筑师留下了深刻的印象，从万神殿、图拉真柱，到纳沃纳广场上的圣埃格尼斯教堂。典型的巴洛克元素是其建筑研究中最重要，也最多见的主题：卵形基座的圆顶清晰地体现了集中性与延展性的结合。

冯·埃尔拉赫通过作品表达出他要创造"历史性建筑"的意愿，在他的作品中，前辈们的影响都融化在一个全新的、原创的整体设计中。

杰出作品
维也纳美景宫

17世纪末，菲舍尔·冯·埃尔拉赫为哈布斯堡军队英勇的将军尤金·萨沃伊亲王在维也纳近郊设计建造了一座夏宫。亲王不甚满意，不久后找来建筑师鲁卡斯·冯·希尔德布兰特（1668—1745年）——他学习的是意大利建筑，因此风格更具装饰性、更精致考究。在新方案中，建筑师在一片狭长而微微倾斜的土地上盖起了一座带主庭院和阶梯式大花园的宫殿。1720年，希尔德布兰特提议在花园的另一边再建造一座宫殿，借助更高的地势可以将哈布斯堡首都令人心醉的全景尽收眼底。站在"下美景宫"，人们可以看到位于阶梯式花园顶端的新建筑（被称为"上美景宫"，1723年竣工）——一幅引人入胜的建筑背景——露天空间完全与大自然和谐相融，而住宅空间则是集优雅和实用性于一体。正立面中央的三重拱门构成了"上

美景宫"的入口，建筑顶部是由曲线构成的宏伟的三角楣，一排排高大的窗户整齐地排列成行，两端的角楼顶部有形态低扁的圆顶。宫殿的屋顶设计颇具动感，不同高度建筑体的组合错落有致。虽然宫殿的构建具有某种规律，但显然设计者试图挣脱传统上对建筑构成体的秩序感和对称感的严格约束。建筑语言更为自由洒脱，更具创意。整个建筑的结构设计精细考究，同时使用了大量的立体装饰，尽显优雅秀丽。美景宫建筑群的组合形式蔚为壮观，代表了晚期巴洛克风格建筑师对和谐之美的奇特新解——花园与宫殿不断地彼此交流，互相衬托，突显两者之间的相似性与对立性。

上图和下图

鲁卡斯·冯·希尔德布兰特，下美景和上美景宫正立面，1721—1723年，维也纳，奥地利

希尔德布兰特在"上美景宫"中设置了一套形态出人意料的建筑系统，似是一串相互连接的卓有意趣的楼阁。窗户的设计充满奇思妙想，它们不再按照传统方式有序排列，还出现了曲线构成的三角楣饰与顶角小圆顶，加上不同高度和顶饰的变化，使这座宫殿成为当时各种不同的建筑潮流最完全的融合体。站在正面宽阔的平台上，尤金亲王和他的客人们可以将无与伦比的维也纳全景尽收眼底，同时，阶梯式的花园从这里开始逐层下降，直到与

"下美景宫"连成一片。

"上美景宫"（下图）用于庆典和接待活动，受邀者从"下美景宫"（上图）的主庭院进入，再穿过整个花园，园中的湖面上梦幻般地倒映着壮丽的"上美景宫"。实际上，这座花园原本便是按照自下而上的观赏方式来建造的。

因此，"下美景宫"的中央大厅（大理石厅）——一个布满大理石、石膏饰和绘画装饰的大厅，承担了展示厅和贵宾接待厅的角色。

雅各布·普兰陶尔和他的修道院

奥地利郊外的修道院鲜有如此绚丽、精致的建筑与艺术瑰宝。雄心勃勃的计划涉及多座古老的中世纪修道院的重建——改造后的修道院如同皇家宫殿一般，在神圣罗马帝国哈布斯堡家族的统治下，宗教与政治融于一体。大权在手的修道院院长身为贵族家庭的一员，不仅拥有经济资源，还与君主一样充满着对浩大建筑工程的强烈热情。此间的大部分寺院建筑都由雕塑家和石匠设计建造，他们得到的启发和建议常常来自学识渊博的院长，而不是高雅的宫廷建筑师。蒂罗尔雕塑家雅各布·普兰陶尔（1660—1726年）即是一例，后来的他主要致力于建筑设计，创造出最宏伟壮观的修道院——梅尔克修道院。他与菲舍尔·冯·埃尔拉赫、鲁卡斯·冯·希尔德布兰特的作品代表了奥地利地区晚期巴洛克建筑的巅峰。普兰陶尔设计的位于林茨镇附近的圣弗洛里修道院被认为是上奥地利州最重要的晚期巴洛克寺院。该建筑群围绕一个较大的庭院和两个较小的庭院展开。教堂的设计灵感源于耶稣罗马教堂，在一个四跨大殿的两侧设有小礼拜堂，还有为女士保留的楼座，穹顶则位于交叉甬道的上方。入口处开设在与高大的双塔楼正立面相连的西立面上。普兰陶尔还设计了松塔格贝格大教堂（1706—1717年），令人不禁联想起缩小版的梅尔克风格；1716年，仍是在多瑙河畔，他着手改造另一座修道院，以更小的规模再次重现了梅尔克河上的双塔和露台。

下图

雅各布·普兰陶尔，圣弗洛里修道院大理石厅，1706—1724年，林茨，奥地利

自1686年起，卡洛·安东尼奥·卡尔罗内重新设计了这座奥古斯丁时期的修道院；1704年，卡尔罗内逝世后，由普兰陶尔接手项目，一直持续到1724年。寺院的设计优雅而奢华，特别是壮观的楼梯大厅，还有富丽堂皇的大理石厅，高大明亮的窗户和一对对高耸的玫瑰色与浅色大理石圆柱沿着两侧的墙壁交替出现。这座雅致的节日大厅内充满了丰富的装饰物和画作，堪为整个修道院的点睛之笔。

普兰陶尔设计的华丽的大理石厅位于一座延伸至寺院围墙外的边楼内。设计者试图借此与修道院教堂建立一种形象象征意上的密切关联——在那里，有信仰者无往不胜，而在这里的大厅内，不信教者终将失败。马蒂诺·阿尔托蒙特（1658—1745年）绘就的天顶壁画所展现的正是尤金·萨沃伊亲王战败土耳其人后的凯旋，以此凸显皇权与教会力量的强大。

杰出作品
梅尔克修道院

梅尔克屹立于多瑙河畔，位于维也纳的西北部。小镇的名声与镇上巍然耸立的本笃会修道院密不可分。公元 1000 年左右，巴本贝格家族选择了多瑙河上这片岩石山脊作为住所，大约一个世纪后，侯爵利奥波德二世在那里建起了一座本笃会的修道院，因缮写室而闻名的兰巴赫（上奥地利州）修道院的僧侣们迁移至此。建筑师雅各布·普兰陶尔从 1702 年开始改建梅尔克修道院，打造出最大的巴洛克风格寺院建筑群之一；凭借高居多瑙河之上的地理位置，它成为一个独一无二、令人神往的存在，宛如一艘伸向江河的巨轮。建筑南立面长达 250 米，如同一座真正的皇宫。重建工程从教堂开始，其双塔式正立面朝向河岸。从多瑙河上人们可以欣赏到突出于正立面之外的半圆形长廊，分别

连接起图书馆和大理石厅所在的两侧的边楼。这段建筑体的弧度与山脊岩石的走势相一致，叫人想起古老的城堡。教堂的内部由独立的大殿和上方为女士保留的楼座组成，光亮的鼓形柱和大圆顶正垂于大殿中央。在同一个建筑项目中，普兰陶尔能够充分发挥他在雕塑和建筑领域的创造力，呈现出令人惊异的作品。普兰陶尔的构想后来由他的侄子约瑟夫·蒙格纳斯特最终实现，有无数艺术家参与其中，例如画家约翰·米迦勒·若特迈尔、保罗·特罗格，石膏饰工匠约翰·帕卡，以及室内设计师安东尼奥·贝杜兹。

上图

雅各布·普兰陶尔与约瑟夫·蒙格纳斯特，梅尔克修道院外景，1702—1738年，奥地利

最蔚为壮观的修道院当属梅尔克的本笃会修道院，坐落于多瑙河上一处高高的岩石山脊上。从河上慢慢靠近寺院，首先映入眼帘的是建筑群中最重要的部分——半圆形的景观长廊、略带帕拉迪奥风格的屋顶平台、大理石厅与图书馆所在的两座边楼、两侧双塔形式的教堂正立面、高大的穹顶，以及纵伸发展的建筑格局。我们可以清楚地看到建筑体的闭合连接结构，看到居于正中的教堂所表达的象征意义，还有黄、白双色墙面所产生的明暗效果倒映在多瑙河的水面上。

布拉格与摩拉维亚

18 世纪的布拉格经历了建筑的鼎盛时期。巴洛克风格最初通过意大利与法国的建筑师和工匠直接引入国内，赋予波西米亚一种特别的韵味，如今，当地的景致仍保留着这样的特质。那里的建筑带有明显的戏剧性和雅致感，从不让自己陷入过度的夸张或豪奢。布拉格因此成为整个中欧地区第一流的晚期巴洛克风格城市，宫殿和天主教堂、雕塑和立体装饰物、桥梁和贵族花园星罗棋布。这项精致而独特的市容改造工程的主角是来自上巴伐利亚地区的艺术家迪恩琴霍夫家族，他们成功地糅合了意式巴洛克语言与巴伐利亚的一些建筑特色，创造出一种在整个欧洲中部地区广受推崇的模式。克里斯托弗·迪恩琴霍夫（1655—1722 年）设计建造了位于小城区的圣尼古拉大教堂等杰出作品，教堂的正立面在凹凸形态的变化中律动，显然传承自波洛米尼的风格。但波西米亚巴洛克建筑师最杰出的代表却是其子柯立安·伊格纳兹·迪恩琴霍夫（1690—1751 年）。圣尼古拉大教堂的唱诗台和穹顶是他最重要的作品，此刻，他那典型的洛可可风格，对椭圆形和波纹状的偏爱已清晰可见，与和他同时代的艺术家相比，古典主义的特质弱化不少。在布拉格，建起了大量的贵族宫殿，四周围裹着精致的花园，或是按照洛可可的新潮流重新整修，例如，马蒂亚斯·布劳恩和费尔迪南多·马克西米利安·博罗克夫打造的华美的晚期巴洛克式圣人像被用来装点著名的中世纪建筑查理大桥。

下图

柯立安·伊格纳兹·迪恩琴霍夫，金斯基宫，1755—1765 年，布拉格，捷克

老城广场周围的建筑物中凝聚了布拉格的历史片段，广场上矗立着圣尼古拉大教堂与金斯基宫，后者优美的洛可可风格正立面上装点着博西创作的石膏饰以及伊格纳兹·弗朗兹·普拉策于 1760—1765 年完成的四大元素雕塑作品。1768 年，帝国的外交官斯蒂芬·金斯基从戈尔茨家族手中购得此楼。

杰出作品
布拉格圣尼古拉大教堂

圣尼古拉大教堂诞生于改变布拉格15、16世纪典雅形象的那股建筑热潮席卷之际，打造了一座波西米亚式巴洛克风格的首都。大量新建的教堂可谓哈布斯堡家族代表的天主教战胜新教的证明。这座矗立在小城区古老街区中心位置的建筑归属于耶稣会，那里自中世纪起已有一座献于圣尼古拉的礼拜场所。1703年工程启动，在来自上巴伐利亚的建筑师克里斯托弗·迪恩琴霍夫的领导下历时多年，直到1722年他逝世后，由柯立安·伊格纳兹子承父业。1752年，教堂正式全部竣工。从双层格式的正立面表面的凹凸起伏，到顶端巨大的曲线形山墙，无不显露出极致考究的晚期巴洛克语言，不论是建筑的外观还是内饰都充满了剧场化的风格。

右图
克里斯托弗与柯立安·伊格纳兹·迪恩琴霍夫，圣尼古拉大教堂外景，1703—1752年，布拉格，捷克

黑死病纪念柱

　　黑死病纪念柱是中东欧国家许多广场都能看到的一个典型晚期巴洛克元素，有时也会以圣母马利亚或天主圣三一命名，建成于17世纪末到18世纪上半叶之间。圆柱形纪念碑（在古罗马时已经出现）在巴洛克时代再度风靡，尤其是在哈布斯堡帝国境内。这种充满象征意义的建筑元素为城市中心人来人往的广场增添了一份雅致之美。从中世纪起一直到18世纪末，可怕的鼠疫沿着几个世纪以来的通商之路接二连三地爆发，无数次侵袭中东欧地区，如17世纪末的奥地利，或是1714年和1716年的摩拉维亚。为此，在1680—1750年，哈布斯堡帝国的各大城市中都矗立起大量的祈福柱，它们大多做工精细，成为这些地区晚期巴洛克风格天主教最独特的表现形式之一。1683年维也纳之战胜利后，黑死病的消除和奥斯曼帝国侵略威胁的解除这两件不同性质的事件被联系到了一起。最重要的纪念柱中有耸立在维也纳城壕沟大道中央的"鼠疫纪念碑"（1692年），以及奥洛穆茨的圣三一纪念柱（1716—1754年），后者被认为是捷克共和国晚期巴洛克雕塑作品中最伟大的作品之一。在其他大量的纪念柱中，值得我们记住的还有布拉格的黑死病纪念柱（1715年），奥地利的克拉根福（1680年）与林茨（1723年）纪念柱，斯洛文尼亚的斯克菲亚洛卡纪念柱（1751年），斯洛伐克的尼特拉纪念柱（1750年）和匈牙利的布达佩斯纪念柱（1717年）。

柏林：一座新都城

18世纪初，作为未来普鲁士王国发源地的勃兰登堡，其社会、政治情况在霍亨索伦王室的执掌下得到显著改善。艺术与建筑开始蓬勃发展，并在1701年后的首位普鲁士国王腓特烈一世（1657—1713年）、腓特烈·威廉姆一世，特别是1740年登基的开明君主腓特烈二世（亦称腓特烈大帝）的领导下经历了一段很长的繁荣时期。因为建筑是彰显权威最立竿见影的方式，君主们决意兴修土木。巴洛克当仁不让地成为表现新国家壮丽景象最恰当的语言。在柏林，不仅有宫殿拔地而起，还修建了交通干线和林荫大道——自1701年起，建成于17世纪中叶的柏林菩提树大街也被拓宽。1698年，安德烈·舍鲁特着手按照新的巴洛克风格重建霍亨索伦家族的旧宫（柏林城市宫，现已拆毁）。1707年，宫廷建筑师弗里德里希·艾奥桑德·冯·歌德接手该项目；从1701年到1918年，这里都是普鲁士国王（后来的皇帝）们的正式居所。1701年，距离首都几千米之外的地方也举办了一场落成典礼——里琴堡宫，这里原来是数年前由阿诺德·内灵建造的夏宫，在弗里德里希·艾奥桑德·冯·歌德的手下摇身一变成为一座富丽堂皇的别墅。1705年，在年轻的皇后索菲亚·夏洛滕突然辞世后，腓特烈一世将这里改名为夏洛滕堡宫。

下图
夏洛滕堡城堡朝向庭院的立面，1695—1712年，柏林，德国

宫殿在原有基础上——仿效凡尔赛宫的样式——扩建为典型的"U"形结构，带有一个面朝城市方向的巨大的主庭院，而背立面则面向一大片法式园林，有笔直的小路、茂盛的花坛和如镜的水面。1712年左右，背立面被抬高，除了中间的山墙外，还加上了一座高高的穹顶。

上图和下图

乔治·温彻斯劳斯·冯·克诺伯斯多夫，夏洛滕堡城堡的金色走廊（上图）与瓷器阁（下图），1740年后，柏林，德国

　　出现在宫殿室内的石膏饰、镀了金饰物，明显反映出典型的洛可可风格。瓷器阁与金色走廊盛名在外——前者藏有令人炫目的中国工艺品，作为珍贵的装饰元素布满整个墙面；后者是一个长达40多米的华丽宴会厅，绿色大理石纹的灰泥墙面上装饰着孩童像、贝壳形的金色石膏饰、鲜花和水果。

杰出作品
波茨坦无忧宫

左图

乔治·温彻斯劳斯·冯·克诺伯斯多夫，无忧宫音乐厅，1745—1750年，波茨坦，德国

从位于中央的房间延伸出的两翼厢房被用作私室、图书馆和书房。音乐厅中主打洛可可装饰特有的白色与金色的衬比；巨大的镜面不仅反射出窗外的美景，也交相映照出屋内的绘画与石膏装饰品，呈现出奇妙的效果。

1722—1740年，一道接待国王卫队长期疗养的圣旨让距离柏林约30千米的波茨坦经历了一场声势浩大的扩建。1745年，腓特烈二世委托宫廷建筑师乔治·温彻斯劳斯·冯·克诺伯斯多夫（1699—1753年）在此建造无忧宫，作为建筑爱好者的这位君主亲自完成了最初的草图。无忧宫是法式洛可可建筑最优秀的作品之一，从取"无忧无虑"之意的宫殿命名上便可知一二。宫殿的建造初衷是作为国王的夏季避暑之地，能够远离朝堂，在此休养生息和专注个人兴趣。腓特烈二世原本只想在山丘上搭建一座阶梯式的葡萄园——依循法国传来的风尚，建造出一处世外桃源，最后决定要建造一座新的私人住宅。为此，建筑师设计了一座单层的大型宫殿，四周围绕着一些种有葡萄藤和果树的曲线形梯田。宫殿内部和外部之间没有台阶或门槛的特别设计出自君主的明确要求，目的是想要直接从他的房间进入到阳台和葡萄园。克诺伯斯多夫既研究过意大利的文艺复兴建筑，又了解当代的法国建筑，因此构想出一座比例适度且匀称的住宅，而室内环境的明亮、优雅与考究则要归功于新加入的洛可可风格。实际上，尽管这座宫殿的大厅雅致至极，却并没有过度的奢华，而且抓住了作为国王"个人"消遣之地所特有的私密性。但这并不妨碍无忧宫同时具有作为觐见场所的特征——宽敞的主庭院内，有柯林斯柱式的柱廊迎接到访的贵客。宫殿中央，门厅和明亮的卵形大理石厅占据了主要位置；门厅内不乏圆柱、金色石膏饰和天顶壁画装饰；天顶壁画更是整栋建筑的焦点，其上方的椭圆形穹顶上同样饰有金色石膏饰，还有一道来自天顶的光束，使人联想起罗马的万神殿。珍贵大理石镶嵌出精美绝伦的花序和花朵图案，令浅色石材铺就的地面熠熠生辉；高高的"法式"大窗在带来徐徐清风的同时也铺展开一片花园与葡萄园一角的迷人景色。

乔治·温彻斯劳斯·冯·克诺伯斯多夫，无忧宫朝向花园一面，1745—1747年，波茨坦，德国

偌大的葡萄藤梯田向外凸出，以便最大限度地利用光照时间，同时也让人忆起宏伟的巴洛克风格阶梯。从梯田中央伸出一道120级台阶的长楼梯，楼梯尽头有一个巨大的喷泉。除了阶梯状的葡萄园，腓特烈二世还想建造一座大型花园，中间设置一条超过两千米之长的大道。按照洛可可的风格，这座花园中装点着无数的雕像、小庙宇和奇趣新颖的小物品。

德累斯顿：奇迹之城

1685年，萨克森公国的首府德累斯顿在一场可怕的大火中毁于一旦——这次悲剧性事件为一场紧锣密鼓的建设活动创设了前提，整个城市被改造成了一座宝库。在宫廷建筑师的领导下，易北河两岸的大规模城市规划开始启动，茨温格宫是顶峰时期的作品。城市的主要守护教堂——圣母教堂是当时最重要的作品之一，它拥有一种独特的巴洛克内含，区别于同时代的德国南部教堂，其中心对称式的紧凑平面令人联想起剧院的结构。教堂由建筑师乔治·巴哈尔设计，整个工程从1726年持续至1743年。1945年遭英军炮火摧毁的圣母教堂，自1990年起经历了一次极其细致的重建工作，并在2016年正式重新向公众开放。离圣母教堂不远处耸立着圣三一大教堂，这座宫廷教堂是罗马建筑师加埃塔诺·奇亚维利在1738—1755年建造完成的作品，其委托人萨克森选帝侯"强者"奥古斯都于1719年改信天主教，一直希望能在他的城市中矗立起一座与新教教堂相距不远的天主教堂。曾在圣彼得堡和华沙工作过的奇亚维利十分熟悉意大利和北欧的建筑，他设计了一座巨大的教堂，在正立面上筑起一座高耸的哥特式塔楼——从易北河对岸看过来，这座塔楼可以作为城市全景的完美"中心"。三重殿形式的教堂趋向于圆形，正立面部分也同样如此。高处围成一圈的栏杆上摆放着的78件圣人像出自雕塑家洛伦佐·马提艾利之手。

左图

加埃塔诺·奇亚维利，宫廷教堂，1738—1755年，德累斯顿，德国

罗马建筑师加埃塔诺·奇亚维利在奥古斯都桥的一端建造了这座教堂，旨在制衡新教的圣母教堂，象征着君主宗教信仰的两重性，他既是天主教的国王，又是新教的选帝侯。奇亚维利插入了一座醒目的、几乎哥特式的钟楼，从易北河对岸看过来，它正好位于城堡和茨温格宫的理想直线之间的交叉点。

教堂的中殿朝向城市的方向，其东侧和西侧趋成圆形。1748年，贝尔纳多·贝洛托将尚在建造中的宫廷教堂的钟楼金额圣母教堂的圆顶作为其风景画的背景。

中图及右下图

乔治·巴哈尔，圣母教堂外景及平面图，1722—1743年，德累斯顿，德国

原稿（1722年）中设计了一座希腊十字形平面的建筑，八角形讲道坛的上方是一个巨大的穹顶；接着，巴哈尔将它的一部分改造为四边形平面，嵌入一个用柱子围成的圆圈，在穹顶上方设置四座小角塔，看上去有直入云霄之感。唱诗台位于较高处，可以通过两侧平滑而弯曲的坡道到达。

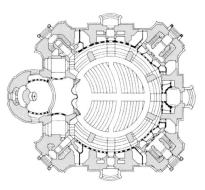

德累斯顿的茨温格宫

18世纪初，德累斯顿化身为一片大规模的晚期巴洛克建筑工地，这座城市独特而精致的风格——德累斯顿式巴洛克，直到遭遇七年战争（1756—1763年）的破坏时方才陨落。建筑师马图斯·丹尼尔·柏培尔曼（1662—1736年）担纲主要设计者，他先后被任命为营造总管和宫廷建筑师。为意大利巴洛克风格非凡的潜力深深着迷的他，精心构建起一种考究而和谐的个人风格符号，呈现出极具魅力的作品，其中最著名的一件就是茨温格宫。在古老城垛上建起的茨温格宫，其设计初衷是作为公务觐见和彰显权势的所在，并非萨克森君主的居所，但"强者"奥古斯都（1694—1733年）使其成为庆典、竞技、娱乐的场所，抑或是亭台、喷泉、台阶与柱廊的华美空间。实际上，在为官方节庆活动与大型宴会而开辟的大广场上，柏培尔曼于1709年丹麦国王到访之际建造了一个半圆形的木结构。此后不久，又建起一座沙石结构的双层楼阁，叫作"围壁亭"，以此为中点延伸出两条单层高的走廊，走廊尽头各设一座角亭，勾勒出一个"Ω"形。整个建筑群的形式明显效仿了法国的布道坛，贵族阶层可以在那里观摩比赛——我们可以看到或封闭或开放式的建筑体沿着一道宽阔、壮观的围栏依次排列，如今有许多珍贵的博物馆藏品在这里展出。中央双层楼阁的装潢尽显奢华与精致，随处可见出自雕刻家巴尔塔萨·佩幕泽尔之手的立体塑像珍品。1719年，在王储费德里克·奥古斯都与奥地利公主玛利亚·朱塞佩·哈布斯堡大婚之际，举办了茨温格宫的落成典礼，尔后，宫殿继续扩建，有一部分建筑在第二次世界大战末的城市轰炸中得以留存。

下图
马图斯·丹尼尔·柏培尔曼，茨温格宫庭院，1709—1728年，德累斯顿，德国

茨温格宫（字面含义为"墙下"，因为该宫殿就建造在城市防御工事之间的位置）是住宅建筑领域一个无法超越的创造力的典范。近似正方形的宽阔庭院在横轴方向上勾勒出一个"U"形的凹口，单层高的走廊四下环绕，衔接起两层高的楼阁。

洛可可的狂欢：巴伐利亚

18 世纪上半叶，巴伐利亚地区在建筑，尤其是宗教建筑领域出现了新一轮的蓬勃发展，成就了一种原创建筑语言，也是欧洲最优雅的风格之一。大部分国土与新教国家接壤的天主教公国巴伐利亚，利用充满吸引力且令人印象深刻的晚期巴洛克与洛可可风格彰显自己的权势和威望。教堂和修道院跟贵族的豪华宅邸一样都是具有代表性的地方，应当闪耀出优美与富裕的光芒。如果说德国中北部的宗教场所符合新教改革所宣扬的严肃性以及直接与上帝交流的要求，那么巴伐利亚的天主教传统所收获的是具有独创性的建筑以及丰富的装饰。与法国和意大利国土的接壤有利于匠人和艺术家们之间的接触——许许多多的意大利人多年来一直活跃在阿尔卑斯山北部的天主教公国中，并与当地艺术家密切往来。或许北部地区教堂的外观少有甚至没有创新力，但在巴伐利亚，建造富丽堂皇的新礼拜场所的需求推动了洛可可语言的传播，它的精致及华美常常只与密集恐惧一线之隔，比如我们在施泰因加登（威斯教堂）、罗尔和奥托博伊伦的教堂内所欣赏到的。巴伐利亚教堂的特征之一是建筑外部与内部结构的不一致性。出于一种制造戏剧性舞台效果的目的，这些明亮的洛可可风格教堂内部需要以动态的方式进行观赏，在宽广的空间中获得移步易景的体验。位于奥托博伊伦的本笃会修道院内，教堂的重建工程被交到当时最知名的几位建筑师手中，多米尼克斯·齐默尔曼便是其中之一。

下图

约翰·米迦勒·费舍尔，奥托博伊伦大修道院教堂正面（左）和内景（右），1748—1766年，德国

巴伐利亚洛可可风格的典范之作、拥有千年历史的奥托博伊伦本笃会修道院实现了建筑结构与表面装饰的惊人融合，通过家具和雕塑的移动改变了空间的感受。教堂的外部轮廓由多种线条构成，形态质朴；室内的空间效果主要集中于交叉甬道，上方是一座巨大的穹顶。这件作品重新诠释了中心对称的传统大教堂平面，设有宽阔的耳堂、唱诗台和两侧小礼拜堂。

阿萨姆兄弟

在阿萨姆兄弟的助力下，视错觉等空间幻象的应用在天主教时代登上顶峰。效仿 17 世纪的意大利模式，他们上演了一幕融建筑、雕塑与绘画于一体的完美幻景。诞生于艺术世家（父亲乔治曾是一位很受赏识的湿壁画画家）的科斯马斯·达米安（1686—1739 年）与埃吉德·基林（1692—1750 年）是阿尔卑斯山北部天主教地区洛可可装饰艺术界的主角，尤其是在德国南部。身兼建筑师、画家、雕塑家和石膏饰匠的阿萨姆兄弟通过奢华而引人入胜的形式诠释出晚期巴洛克风格的壮丽气派，其作品大多出现在宏伟的修道院中，既有建筑改造又有室内装潢，无不与雕塑、石膏饰、壁画以及家具完美衔接。父亲逝世后，阿萨姆兄弟在 1711—1713 年暂居罗马，在那里悉心钻研大规模的巴洛克建筑群，尤其是贝尔尼尼、波洛米尼的杰作，还有彼得罗·达·科尔托纳、安德烈·波佐和卡洛·马拉达的错视艺术。科斯马斯·达米安主攻绘画，而埃吉德·基林更擅长雕塑，专注祭台、雕像群和装饰石膏饰的创作。他们打造的错视空间有着完美的透视效果——精心设计的建筑结构、雕塑与绘画装饰、弥散的光线，激发出　种向上的张力，从视觉上升阔了教堂的封闭空间，揭开一座令人神往、超脱尘世的建筑作品。他们的主要作品有威尔腾堡修道院（1716 年）、阿尔德斯巴赫修道院（约 1721 年）、罗尔教堂（1721—1723 年）以及慕尼黑的圣乔万尼·奈波穆切诺教堂（1733—1739 年）。

左图
圣母升天大教堂中殿，约1721年，阿尔德斯巴赫，德国

作为艺术作品的宝库，这座修道院集合了许多德国南部著名晚期巴洛克艺术家的大名，从巴尔托洛梅·阿尔托蒙特、马特乌斯·君特，到克里斯蒂安·文克，再到侧祭坛的作者细木工匠格里斯曼。从天顶壁画中可以看到，18世纪初的德国绘画似乎摆脱了形式的枷锁，呈现出轻盈朦胧的效果。

右图
圣母升天祭坛，奥古斯丁教修道院教堂，1723年，罗尔，德国

宏伟的大祭坛达到了建筑、雕塑与装饰艺术完美融合的顶峰。在闪耀着白色与金色光芒的金黄色石膏饰组合中，人物塑像的造型优雅而精致，飘逸的衣裙透着灵动的立体感。

慕尼黑的圣乔万尼·奈波穆切诺教堂

完全由阿萨姆兄弟设计并投资建造的慕尼黑圣乔万尼·奈波穆切诺教堂，也因此被称为阿萨姆教堂，是唯一的一个项目出资人和执行者完全相同的案例。1729—1730年，埃吉德·基林在森德林格路上购入几处地产，打算用来建造一些住宅；同时，其兄长科斯马斯·达米安买下一批地皮用于建造教堂。兄弟俩毗邻而居，甚至能够透过卧室的一扇窗户看到教堂的大祭坛。在这座面积虽小却弥足珍贵的教堂中，建筑与装饰结合得天衣无缝，创造出能够作为"整体艺术作品"基础的罕见的风格类型。巧妙的光源运用以及其他一些在罗马求学期间获得的巴洛克技巧强化了如幻术般的令人心向往之的空间效果。尽管空间有限，阿萨姆兄弟仍然采用了螺旋形柱、雅致的栏杆和装饰着金色石膏花叶饰与壁画的旋转走廊。

这种技法叫人回想起波洛米尼在有限的空间中自如应对各种不同形态的能力。建筑内部有一种舞台化的效果，宛若一座贝尔尼尼式的神圣剧场，集建筑、雕塑和绘画于一体。在唯一的大殿中，信徒的眼前是一幕奢华的幻境，光线透过两扇窗户射入照亮了顶端的半圆拱。从中足可见阿萨姆两兄弟对通过建筑透视结构制造错视效果的手法了然于胸。

左图
科斯马斯·达米安与埃吉德·基林，圣乔万尼·奈波穆切诺教堂外景，1733—1734年，慕尼黑，德国

阿萨姆教堂的正立面向外凸起并分为两层，大门口立有圆柱，高大的窗户上方是曲线构成的山墙，只看教堂的外观很难想到其内部大殿的装饰竟如此丰富。

右图
科斯马斯·达米安与埃吉德·基林，圣乔万尼·奈波穆切诺教堂内部，1733—1734年，慕尼黑，德国

教堂的内部由单个大殿构成，分割两层的形式使空间更显狭长、高挑，凸起的装饰线条以及科斯马斯·达米安创作的以圣人功绩为主题的错视画进一步强化了这种效果。

皇宫

德国 18 世纪的城市建设主要体现在各君主国小首府的规划上，有时是在原有建筑基础上的扩建，有时是重新装修，还有远离都城而建的皇家住宅。德国的君主们想要把他们的私人新宅修建成真正的代表性王宫——宫苑内富丽堂皇的建筑是一种能够清晰、直观地显示政治与经济实力的媒介物。在德语中，这些住宅被称作 "Residenzstädte"，意即 "城市府邸"，在君主所在宫殿的周围建有一批服务型建筑和街区，有很多成了未来城镇的发源地。慕尼黑城本身就是一个最典型的例子，维特尔斯巴赫家族选择在此建造他们的住所。在德意志王国的一些首府中，城镇与宫廷住宅的核心仍然属于都市范畴，或者说宫殿就建在既有的城市当中；而另一些则是在一片更广袤的土地上，以 17 世纪巴黎凡尔赛宫为原型兴修宫宇，如著名的柏林里琴堡宫（后改名为夏洛滕堡宫）、斯图加特的路德维希堡宫、曼海姆的施韦青根宫、慕尼黑的宁芬堡王宫以及卡塞尔的威廉高地宫。晚期巴洛克风格的城市府邸是建筑界的瑰宝，最优秀的建筑师用他们的创造力服务于雄心勃勃的统治者——不仅是大厅、庭院和主楼梯，还有为容纳花圃喷泉、林荫大道、小树林和果园而设计的花园和辽阔的园林，有如展示精美的雕塑作品的绚丽舞台。在这些宫苑中，有很多作品所展现的晚期巴洛克与洛可可语言已经发挥到无法超越的巅峰，如位于波默斯费尔登的魏森施泰因宫（1711—1718 年）和乌兹堡宫（1720—1753 年）。

下图
约翰·孔拉特·史劳，爱伯德罗斯霍夫宫，1753—1757 年，明斯特，德国

建造这座新颖宫殿的难度在于地面基石的处理——从建筑正中央微微弯曲的外凸部分向两侧伸展出凹面的边楼，两条延伸线呈锐角相交，因此在充满动感的宫殿正立面前方围出一个三角形的院子。意大利风格对史劳产生了至关重要的影响，从波洛米尼的罗马圣腓力祈祷会到贝尔尼尼第二次为卢浮宫设计东立面。

杰出作品
布吕尔奥古斯图斯堡宫

位于莱茵兰北部布吕尔城的奥古斯图斯堡宫是德国最著名的巴洛克古堡之一。身为科隆选帝侯和大主教的克兰门特·奥古斯托一世·维特尔斯巴赫于1724年委托建筑师约翰·孔拉特·史劳在原有中世纪城堡遗址的基础上建造一座能够展现其尊荣地位的宫殿。因此，史劳必须考虑如何使用一种年代更为久远的建筑结构来创造一座符合现代巴洛克风格的王宫。君主的兄弟、巴伐利亚选帝侯卡洛·阿尔贝托

对史劳的设计成果不甚满意，1728年，他从慕尼黑召来他的宫廷建筑师，法国人弗兰索瓦·德·屈维利埃，按照最新的洛可可风格重新设计改造。在1/41年抵达布吕尔的巴尔塔扎·诺伊曼负责主楼梯的设计，后于1744年完成。经屈维利埃改动后的宫殿成为一座"U"形平面的城堡，建筑内部采用意大利、法国和北欧风格的巴洛克装饰元素，德语区炙手可热的艺术家卡洛·卡尔罗内等的湿壁画和油画点缀其间。

上图

约翰·孔拉特·史劳与弗兰索瓦·德·屈维利埃，奥古斯图斯堡宫，1724年及1728—1740年，布吕尔，德国

史劳最初设计的是一座狩猎行宫，该项目后被委托了来自法国的慕尼黑宫廷建筑师弗兰索瓦·德·屈维利埃，后者将其改造为当时新流行的洛可可风格。外立面更显雅致，室内布局也经过改动并重新布置家居摆设。

下图

多米尼克·吉拉德，奥古斯图斯堡城堡花园，1728年起，布吕尔，德国

科隆选帝侯及大主教克兰特·奥古斯托·维特尔斯巴赫的城郊行宫是一座位于布吕尔的城堡，其名亦由此而来。法国建筑师多米尼克·吉拉德受命负责大花园的设计，构思灵感来自慕尼黑城郊的宁芬堡王宫花园。他又效仿凡尔赛宫的模式在花园的周围设置了水渠系统，在中轴线上放置了一座大型水池。按对角线形式排布的道路系统将主花坛与灌木林区域连接起来。

悉心布置的花园、几何对称的轴线结构、纵横交错的模式以及平面布局和道路系统的构建，无不体现出巴洛克花园的典型特征，被认为是内切于大自然的几何形作品。经心设计的建筑作品仿佛是自然空间的有机组成，反映出王权的等级原则及其统治下的整个社会的秩序。

"U"形结构的中央通常会有一个宽阔的主庭院，而南面则绵延着一大片法式花园。1728年起，曾在凡尔赛接受培训的建筑师多米尼克·吉拉德，以他所见过的最奢华的园林，如维也纳的美景宫和慕尼黑的宁芬堡宫的花园为灵感，设计了一座巨大的花园以及点缀着形态各异的喷泉的"绣花"式花坛。

君主每年有两个月时间在作为夏宫的奥古斯图斯堡宫度过，其余时间则让居波恩市内富丽堂皇的宫殿中。

有一条长长的林荫大道从这座宫殿通向法尔肯拉斯特堡的小型狩猎行宫，这是屈维利埃在1729—1740年以阿马林堡宫为原型设计建造的洛可可风格建筑珍品。

在选择建造地点的时候，主要考虑到猎鹰最喜爱的猎物之———鹭鸟的飞行轨迹。在行宫的屋顶上设有独特的平台，可以从那里观赏到鹰隼捕猎的场景。

按照当时法国的潮流，屈维利埃在设计时还设想到将行宫作为逍遥宫，也就是君主个人休闲娱乐的地方，可以在这里享受轻松惬意的生活，远离繁文缛节。从1730年开始，彼得·拉波特瑞尔着手在小行宫附近建造贝壳堂，一种以石材、贝壳和石英装饰的岩洞。

145

巴尔塔扎·诺伊曼

巴尔塔扎·诺伊曼被认为是德国最伟大的晚期巴洛克建筑师。其风格偏向诙谐和轻盈，所用线条优雅而奇特，有一种整体上的精致感和巧夺天工的结构。18 世纪典型的"漫不经心的轻盈感"在他的作品中得到最充分的体现，即便是在宗教环境中亦是如此。年轻的建筑师与弗兰肯区萧伯恩家族的有幸相识，促成了乌兹堡宫与当地城市规划等华丽耀眼的项目。实际上，1718 年左右当诺伊曼完成巴黎、维也纳和米兰的游学后，乌尔兹堡宫的设计工作落到了他的肩上，他也因此能与新的洛可可风格传播者科特、波夫朗等法国已负盛名的建筑师共同合作。他设计的台阶尤为气派恢宏，正如我们在布鲁赫萨宫（1732 年）和布吕尔宫（1741—1744 年）所看到的。诺伊曼在其职业生涯后期更多地投入到宗教建筑领域，其代表作、位于上弗兰肯区的维森海里根教堂（1743—1770 年）是德国最著名的朝拜圣地之一。形态简洁的内勒斯海姆（1745 年起）教堂也是以椭圆形为基础进行建造，而支撑中央大穹顶的纤细圆柱则使人想起哥特式的轻巧感。此外，诺伊曼还设计了维森特海德的堂区教堂（1727—1732 年）、于 1739 年竣工的地处格斯韦因斯泰因的圣三一教堂、特维希的圣保罗教堂（1734 年起）、霍伊森施塔姆镇的圣塞西利亚教堂（1740年）以及杜恩施泰恩小镇的圣劳伦斯双重教堂（1742—1746 年）——能够同时接纳天主教徒和清教徒，在仅有的一座大殿中以一道隔墙将两者分开。诺伊曼还设计了新建筑的所有道路，其中包括乌尔兹堡的特艾蒂娜大街。哈斯富特附近的单殿式圣玛利亚林巴赫教堂（1751—1755 年）是诺伊曼职业生涯的最后一件作品，其正立面已经显露出几分新的古典式庄重感。

杰出作品
乌尔兹堡宫

自 17 世纪末起，在萧伯恩家族的推动下，下弗兰肯区乌尔兹堡城的艺术行业发展兴盛，1719 年，这里成为主教封土的所在地。

乌尔兹堡宫由采邑主教约翰思·菲利浦·弗朗茨·冯·萧伯恩授意建造。虽有韦尔施、鲁卡斯·冯·希尔德布兰特和来自法国的科特和波夫朗等知名建筑师的合作，但建筑群的主要设计者是 1720—1753 年在此工作的巴尔塔扎·诺伊曼。他的设计从整体（外形）到局部（室内布局），试图构建出具有连贯性且比例协调的作品。"U" 形的宫殿中央是土庭院。两侧宽阔的边楼内各有

一座内院。顶层阁楼上装点着围栏、花瓶和雕像。尽管规模浩大，诺伊曼仍使宫殿内所有的一切和谐而匀称。

宫殿的内部布局大体上分为水平的两层，除觐见大厅之外，相通的房间沿着长长的走廊有序排列。宫殿的独特之处在于建筑的内部结构，如楼梯厅、八边形的皇帝殿，还有层高较低的花园厅。在这些具有代表性的房间里，建筑、雕塑与乔瓦尼·巴蒂斯塔·提埃坡罗的错视画互相融合、互相渗透，成为一件整体艺术品。建筑的统一性与庄严感也暗喻了罗马教会在德国南部的权势与威望。

上图
巴尔塔扎·诺伊曼，乌尔兹堡宫正立面，1720—1753 年，乌尔兹堡，德国

两排大窗上精致的三角楣饰、层拱和屋顶上方形态雅致的檐口，使正立面显得统一而有序，正中央外凸的建筑体打破了建筑的连续性，圆柱与三重拱形窗的设计使其更显凸出。

圣彼得堡：一座首都的创建

圣彼得堡城的诞生要追溯到 18 世纪初期。1703 年，沙皇彼得大帝（1672—1725 年）想要在波罗的海上沿涅瓦河建造一座以自己的守护神命名的城市，以此庆祝击败瑞典和波兰军队所取得的胜利。

1713 年，新城成为帝国的首都。在一片抽干的沼泽地上建起的圣彼得堡得益于其战略性的地理位置，便于与北欧各国的海上贸易往来，而日益繁荣兴盛。为了从无到有地建造一座城市，沙皇召来了欧洲最优秀的，特别是法国和意大利的建筑师、画家和装饰家，可以明显感受到他对西欧文化的开放态度。

建筑师多梅尼克·特列吉尼负责项目的第一部分，在涅瓦河上的一座小岛上建造了圣彼得与圣保罗要塞。沙皇死后，工程遭遇延期，直到 1741 年女沙皇伊丽莎白一世（1709—1762 年）登基后方重新启动，她将父亲发起的营造项目委托于另一位意大利建筑师弗朗西斯科·巴尔托洛梅奥·拉斯特雷利。他接替特列吉尼着手建设作为皇帝居所的冬宫，并于 1762 年竣工。这座宫殿的设计体现了晚期巴洛克风格的形态与宏大规模，沿涅瓦河修筑的正立面漫长却不觉单调，有赖于设计者巧妙地使用了双层式圆柱以及造型各异的窗和山墙。大量的青铜像装饰为顶层的阁楼增添了雅致与灵动。此后，拉斯特雷利还接管了阿尼奇科夫宫与斯特罗加诺夫宫的建设项目。

上图

多梅尼克·特列吉尼，圣彼得与圣保罗大教堂，1714—1733 年，圣彼得堡，俄罗斯

极致巴洛克风格的大教堂有着高耸入云的正立面，德式风情尖顶高达 120 米，至今仍高居全城之上。该教堂是涅瓦河畔彼得大帝创建的新首都内最早的石砌建筑之一。

左图

圣彼得与圣保罗要塞，1703 年起，圣彼得堡，俄罗斯

多梅尼克·特列吉尼按沙皇旨意在涅瓦河上的一座小岛上修建一座用来保卫波罗的海通道的要塞，将其转变为欧洲最宏伟的堡垒之一。

借鉴荷兰与瑞典样式的砖砌城垛围裹出一座真正的城塞——这是最快速的，也是耗资较少的保卫城市的方式。

杰出作品
圣彼得堡彼得宫

  矗立于芬兰湾上的彼得夏宫距离圣彼得堡西南约 20 千米。皇宫的命名揭示了这座宫殿的由来：实为彼得大帝在 1714 年授意建造的一座离宫。在一次漫长的欧洲之行中，沙皇对艺术和建筑的理念有所更新，因此常常参与到新宫的建设工作。

  他的梦想是建造一座与凡尔赛宫相似的宫苑，因此请来了法国建筑师，也是著名的园林设计师亚历山大·勒布朗德（1679—1719 年）。1723 年的落成典礼之日，一部分园林和瀑布、一条与北海相连的长长的运河、面朝大海的蒙普雷斯

宫（1714 年，布朗斯坦设计，作为消遣和节庆活动的场所），还有以路易十四在马尔利勒鲁瓦的狩猎宫为雏形设计的马尔利宫（1717 年）业已完工。随后的几年里，晚期巴洛克风格的工程仍在继续，譬如作为沙皇私人用餐场所的幽静的冬宫亭（1721—1725 年）。

  彼得宫正式成为皇家的夏宫，待到冬季来临，他们便迁居到位于圣彼得堡的冬宫之中。

下图

宫殿正面马尔利勒鲁瓦大瀑布，1714—1751 年，彼得宫城区，圣彼得堡，俄罗斯

  尼古拉·米凯蒂（1714—1721 年）设计了一个巨大的水盆和一道与凡尔赛附近的马尔利勒鲁瓦相似的同名大瀑布，展现了设计者对北欧园林建筑的通晓。大瀑布上装点着 17 座雕像、29 件浅浮雕作品、142 个喷水点和 64 根水管。雕塑群隐喻着俄国在波罗的海海口对战瑞典国王查理十二世时取得的胜利。

弗朗西斯科·巴尔托洛梅奥·拉斯特雷利

弗朗西斯科·巴尔托洛梅奥·拉斯特雷利（1700—1771年）是俄国巴洛克晚期最负盛名的建筑师，以"圣彼得堡巴洛克风格"或"拉斯特雷利风格"闻名。18世纪30年代，原籍意大利的他与身为雕塑家的父亲一同从法国来到这里。巴尔托洛梅奥最早的作品可以追溯到18世纪30年代，但随后的20年是他最多产的时期，他的艺术天赋与精湛技艺得到了充分发挥。他是女沙皇伊丽莎白一世的首位宫廷建筑师，是他将圣彼得堡及其周边地区打造成一座宏伟绚丽的舞台。除了1745年启动的彼得宫的扩建项目，他还投身于都城内富丽堂皇的沃龙佐夫宫与斯特罗加诺夫宫（1750—1754年）的建造，以及非凡的洛可可建筑典范——凯瑟琳宫（今沙皇村，1752—1756年）的装修和扩建。他还建造了"拉斯特雷利夏宫"（1740—1744年，现已被毁）、斯莫尔尼修道院（1748—1755年）和1755年开始修建的宏伟的冬宫。尽管他设计的许许多多的洛可可风格房间在经历了后期的改造或战火破坏后已不复存在，但那些装饰着大量金色和彩色石膏质中楣和上楣的宫殿外立面、雅致的圆柱和明亮的窗户，显示出他对17世纪意大利与法国宫廷巴洛克风格的熟稔。拉斯特雷利不仅仅是既有风格的忠实执行者，他的才华还体现在对常见元素的处理，在此基础上发展出一种只在圣彼得堡地区可见的独特风格。他的风格产生于巴洛克和洛可可元素、文艺复兴和样式主义元素、俄国传统和西方类型的融合。他的宫殿虽豪华气派，但也保留了庄重有序的一面，绝不过度。他将建筑设定为三层——这一条成为圣彼得堡后续房屋建造的总原则，由此产生的秩序感、雅致与和谐感奠定了今日都城的基本特质。待到新古典主义潮流的兴起，拉斯特雷利风格在宫廷中日渐式微，他在生命的最后几年里徒劳地寻找着新的委托人。

下图

弗朗西斯科·巴尔托洛梅奥·拉斯特雷利，冬宫朝向涅瓦河的一面，1754—1762年，圣彼得堡，俄罗斯

这座巨型建筑四个立面的连接形式和内院的布局似乎是斯特罗加诺夫宫（1750—1754年）的一种变奏，拉斯特雷利在此确立了自己的个人风格。朝向涅瓦河的一侧林立着高大的圆柱，而在其余几面上则可以看到立体、平面元素的交替出现。双层式的外立面形态庄重，装点着丰富的石膏饰，从造型各异的窗框，到屋顶栏杆上和正中央山墙上无数的雕像。缤纷的色彩凸显出每个元素的节奏顺序，有如一道城市风景线——绿色的是围墙，白色的是圆柱和窗框，暗黄色的是柱头，黑色的是雕像。

沙皇村

沙皇村的夏宫，又称"凯瑟琳宫"，矗立于圣彼得堡以南25千米处。沙皇彼得大帝（1672—1725年）把首都周边的土地分封给皇族与贵族，并为此增添了新的道路、宫殿和花园。这座宫殿是18世纪俄国建筑的重要代表作，建筑的不断更改，包括室内陈设的变化，正见证了艺术风格的历史演进。实际上，所有在此工作过的建筑师都将传达出自己对宫殿的见解，洛可可风格和古典式的房间穿插出现。1717年，凯瑟琳一世授意德国建筑师约翰·弗里德里克·布朗斯坦以石材替代木材，将原有住宅改造成两层楼的建筑——私人房间位于一楼，二楼设觐见厅。意大利建筑师多梅尼克·特列吉尼负责打造荷兰式房间，这种近乎资产阶级的简朴风格深受追捧。1741年，女沙皇伊丽莎白一世决定扩建宫殿，并按照当时的潮流重新布置，任命最知名的俄国建筑师之一米哈伊·赞穆特索夫管理整个项目。但实际上是他的一位学生安德烈·克瓦索夫在1744年启动了这项工程——双层式的狭长走廊通向两座石砌的建筑，其中一座内设小礼拜堂，另一座楼内有庆典大厅和暖房。朱塞佩·特列吉尼与塞瓦·切瓦金斯基先后接手这项工作，后者从巴比伦空中花园汲取灵感，将花园安排在两条长廊之上。1794年，弗朗西斯科·巴尔托洛梅奥·拉斯特雷利作为项目总管，重新装修宫殿。1751年工程结束，但因为女沙皇的不满，拉斯特雷利很快又再度出手。他加高了走廊，使整个建筑的高度统一为三层，并将前后凹凸的立面拉平，与后来冬宫的做法如出一辙。凯瑟琳一世简朴的居所就这样变身为一座高雅的宫殿。

左图

凯瑟琳宫，1717年起，教皇村，俄罗斯

1756年7月30日，当皇宫教堂举行开光仪式之际，耗费百余千克黄金打造的豪华宫殿从内到外闪耀着金色的光芒。所有的中楣、柱头和雕塑（女像柱、男像柱）都闪烁出贵金属的光辉。但随着时间的流逝，镀金工艺在恶劣的气候环境中难以持久，遂以深赭石颜料取而代之。

右图

凯瑟琳宫的琥珀宫，1717年起，教皇村，俄罗斯

1701年，柏林王宫（现已被毁）中一间50多平方米的房间里铺满了琥珀制成的镶板，被当时的人们称为"世界第八大奇迹"。这座琥珀宫后被运送至凯瑟琳宫。

英国

巴洛克艺术在英国的发展和推广受到一些不利因素的限制——对天主教和教皇主义的敌视，对君主绝对权力的否认，排斥欧洲大陆新鲜事物的国民传统以及对中世纪文化遗产的忠诚。英国无法接受反宗教改革派的浮夸风格，无论是他们的透视法，还是真实法式建筑中的无限轴。在安妮女王与乔治一世统治时期，贵族的领导权得以巩固，同时，晚期巴洛克风格进入建筑领域，发展出英国特有的独创性和独特性。17 世纪末期到 1730 年，英国的主流建筑风格仍然是古典主义，但我们可以在一定范围内谈论英式巴洛克风格。尼古拉斯·霍克斯穆尔（1671—1736 年）与约翰·凡布鲁（1664—1726 年）合作，建造出英国最具巴洛克特色的两座乡村别墅——霍华德城堡（1699—1712 年，约克郡；室内装饰着乔瓦尼·安东尼奥·佩莱格里尼的壁画）与布莱尼姆宫（1705—1724 年，牛津郡）。在这两件伟大的作品中，凡布鲁展现出他对平面、空间与细节整体设计的才华，通过细致而全面的方式让每一个元素都各具特质。克里斯托弗·莱恩的大气风格在这两座宫殿的设计中得到进一步发展，气势更为恢宏。两座建筑的许多组成部分看似与以往的宫殿风格迥异，实际上都集合了同样的原理——从哥特式的城堡到凡尔赛宫，从帕拉迪奥式的别墅到奥地利和德国的洛可可风格宫殿，业已初露端倪。

下图

约翰·凡布鲁与尼古拉斯·霍克斯穆尔，布莱尼姆宫风光，1705—1724年，伍德斯托克，英国

这座建筑是为数不多的吸收了巴洛克风格的英式宫殿代表。

1704 年，马尔伯勒公爵在布伦海姆战役中战胜路易十四，安妮女王以布莱尼姆宫作为贺礼赠予公爵，宫殿起初由凡布鲁设计，但在霍克斯穆尔手中完成。与霍华德城堡一样，作者在纵轴上设置了一座宽阔的庭院和中央大厅，厨房、马厩和仓库则排布在横轴上。我们可以看到一些典型的英式建筑元素，比如曾在伊尼戈·琼斯的白厅和莱恩的格林威治医院采用的柯林斯柱式的柱廊，还有伊丽莎白女王的一些城堡中出现的形似烟囱的角楼。

葡萄牙

　　葡萄牙的建筑史与邻国西班牙截然不同。18世纪初，在约翰五世（1706—1750年）的统治下，罗马成为所有葡萄牙建筑的衡量标准，甚至夸张到想要在塔霍河畔建起第二座罗马城。

　　约翰五世的特使们设法获得了罗马所有大型建筑的模型，还有教皇庆典活动的礼宾册。随着巴西米纳斯吉拉斯金矿和钻石矿的发现，这个国家的发展日新月异，已然成为全世界最富裕的强国之一。统治者的自我膨胀、不切实际的野心，终将导致国家的破产，马夫拉修道院便是一个典型的例子：德国建筑师约翰·弗里德里希·路德维希设计的这座形如古埃及法老宫殿般的建筑从未有人居住。从1717年开始修建的葡萄牙马夫拉宫殿修道院，与西班牙的埃斯科里亚尔修道院一样，融合了贝尔尼尼设计的圣彼得大教堂、圣伊纳爵堂和蒙特其托里奥宫的形态，但前者更偏重居住功能而非宗教作用。

　　1750年约翰五世的驾崩，以及1755年将三分之二里斯本城夷为平地的灾难性的大地震，最终导致建设方针的骤变。重建的需求为城市的全面革新创造了前提条件，19世纪的城市规划项目似乎因此提前启动。

西班牙

反宗教改革的精神与严苛的集权束缚了 18 世纪西班牙建筑文化的发展。建筑风格日益远离古典主义的和谐，借助墙面的立体化处理、不同材料的使用和对比、正立面上侵入性的装饰，进一步强调各元素的层次结构。

在格拉纳达卡尔特修道院的圣器室内，装饰元素覆盖了古典的形式标准，石膏饰的应用让艺术家能够自由地挥洒创意。

主设计师弗朗西斯科·乌尔塔多·伊斯基耶多的装饰形态源自古典元素，他以多元化的方式对其进行粉碎和复制，为西班牙建筑的发展做出了真正的独创性的贡献。不久，一种本地的传统样式经消化后发酵成为更极致的巴洛克风格，每一个建筑元素上都布满了华丽、丰富的雕刻装饰，这种风格的缔造者是来自加泰罗尼亚的丘里格拉家族，因而称之为"丘里格拉风格"。

极致夸张的装饰是这种风格的主要特质，千变万化的立体造型如此高密度地聚集，以致建筑本身的结构被层层掩盖，装饰元素获得了一种自我价值，呈现出绚丽壮观的效果。后来，西班牙各地风格的异质性让步于以意大利和法国古典主义为蓝本的波旁家族宫廷艺术。于是，马德里皇宫的创作者乔瓦尼·巴蒂斯塔·萨凯蒂和菲利波·尤瓦拉等一批意大利建筑师在发展初期一时引领潮流。

纳西索·托梅的托雷多大教堂透明祭坛

在伊比利亚地区的大教堂里，有一类独特的用于供奉的建筑小品，为西班牙的宗教建筑赋予一种独有的特质——保存有圣礼的神龛通常被安放在一个巨大的祭坛里，其高度几乎触及建筑的拱顶。纳西索·托梅设计的托雷多大教堂"透明祭坛"是最令人炫目和震撼的作品。

1721年，出身于西班牙一个雕塑师和雕刻师家庭的纳西索·托梅（1690—1742年）被任命为大教堂的建筑师，他在教堂中央耸立起一件总体艺术品，因为它的出现，原本昏暗的圣殿生出熠熠光辉。他在大祭坛的后方设计了一座无与伦比的建筑装置——一面由大理石、碧石、石膏和青铜雕刻而成的奢华的晚期巴洛克风格隔墙，于1721—1732年制作完成。

这座独特的雕塑—建筑结构由一座双层凹面祭坛构成，包括下层的"圣母与圣婴"像和上层的"最后的晚餐"群像，象征性地与存放圣礼的神龛关联起来。祭坛所在的位置无论是聚集在唱诗台上的宗教集会者，还是大殿里的信徒和朝圣者，都能清楚看到。祭坛上方的天窗设计十分巧妙，自然光汇聚到这里，照亮了整组雕像。在日光的照耀下，飘浮的云朵、象征神圣太阳的金色光芒、飞舞的天使和动态的《圣经》人物，制造出一幕舞台式的盛景，祭坛似乎被包围在一片神圣的光辉之中，激发了观者的虔诚之心。作者的拉丁语名字被镌刻在祭坛的右下角上。

上图
纳西索·托梅，透明祭坛，1721—1732年，托雷多大教堂，西班牙

纳西索·托梅的透明祭坛也许是西班牙晚期巴洛克风格建筑中最精彩、最恢宏的大作，也是一件完美的总体艺术作品。设计者将传统的圣礼祭坛变身为一座雕塑—建筑结构，建筑与雕塑、石膏师与金色青铜佛在大降之光的烘托下，实现了壮丽风格与舞台化表现的精彩融合。

拉丁美洲

引入并扎根拉丁美洲的欧洲建筑带着西班牙与葡萄牙的深深烙印，盖因那片广袤土地上的殖民者来自伊比利亚半岛。当地民族慢慢吸收了新的风格语言，约莫两个世纪后，结出了独特的、令人惊艳的果实。西班牙和葡萄牙承载着不同的传统，伊斯兰教与天主教文化互相交织，造就了诸如穆德哈尔式和银匠式这样的风格。在拉丁美洲也同样出现了不同风格的混合，从晚期哥特，到文艺复兴，及至巴洛克。

16 世纪时，当托钵修会开始修建教堂传播教义，在墨西哥的很多教堂和修道院里已经可以看到多种风格的并存。宗主国与殖民地之间显著的风格差异以及自然的时间差，在所谓的西班牙—美洲式巴洛克风格中的续存尤为持久，非同寻常的夸张手法和异常丰富的装饰体现出对留白的恐惧。这种风格没有触及巴洛克典型的空间模块，而是从过多的、壮丽的装饰主义中流露出来，某些题材常常反复出现。建筑正立面本身就是一件艺术品，其表面形态极为复杂难解：它的外观仿若一组巨型露天圣坛（西班牙地区奢华的木质祭坛），门前矗立着偌大的丘里格拉式壁柱，或者说倒锥形装饰壁柱。与欧洲有所不同的是，殖民地上的建筑注重展现和强调装饰部分，而建筑的结构则

左图

圣多明戈教堂，1700年左右，圣克里斯托瓦尔，墨西哥

墨西哥的教堂往往表现为一种西班牙巴洛克标准的变体。正立面变成一面展示丰富造型和装饰图谱的墙壁，结构上酷似一座祭坛。

右图

梅喜德修道院教堂，1767年左右，安提瓜岛，安提瓜和巴布达

梅喜德是安提瓜岛最重要的修道院之一。建筑的体量和色彩制造出一种充满生气与灵动的和谐感；正立面上夸张的装饰组合中融入了一种鲜活的感染力，古典主义的题材以一种完全巴洛克的夸张形式铺陈在建筑表面。

左图

阿莱雅迪尼奥，阿西西圣方济各教堂，1765—1775年，欧鲁普雷图，巴西

拱形的平面图、集中的内部空间、凹凸有致的外立面及其后侧消失的钟楼，这些都是巴西建筑最原本的特征。阿莱雅迪尼奥是有记载的少数拉美建筑师之一，尽管他的成长轨迹尚不明晰。

下图

托雷塔格莱宫正立面，1735年，利马，秘鲁

与墨西哥等国相比，秘鲁以欧洲模式为蓝本所创作的建筑更显雅致合宜。托雷塔格莱宫的设计效仿了安达卢西亚地区的宫殿，实现了均衡与纯朴高雅的要求，与总督辖区首府的形象正相符合。

是十分简单的直线式。当然，不同的气候条件、不同的可取之材、当地建筑传统的影响以及宗主国所没有的装饰图案（比如热带的花卉和水果）也是需要考虑的因素。

在南美洲，比如秘鲁，建筑的发展独具特色，表现为两种不同的区域性风格——一种是在安第斯山地区，另一种则出现在沿海及平原地区。建筑工艺和所用建材都发生了变化——在山区使用石材，而在沿海地区则采用陶土砖和太阳晒过的沙子。拱顶和天花板以甘蔗秆和石膏混合而成，并以木架构或砖立面作为支撑，这样的建筑不仅结构轻巧、造价低廉，也更符合多地震地区的需求。

美洲南部的建筑在很大程度上依附于宗主国的模式，正立面的设计不会过度雕琢，更接近意大利和西班牙的语言风格。在这些殖民地国家里，风格的演化过程中发生了一种自然的延迟，即便是以一种均衡有度的方式，仍能明显地看出多种语言（哥特式、意大利式、穆德哈尔式等）糅合的印迹。

图片版权